國際企業與社會

International Business & Society

作者：Steven L. Wartick and Donna J. Wood
譯者：吳偉慈、徐偉傑

弘智文化事業有限公司

Steven L. Wartick and Donna J. Wood

INTERNATIONAL BUSINESS & SOCIETY

Copyright © 1998
By Steven L. Wartick and Donna J. Wood

Chinese edition copyright © 2002
By Hurng-Chih Book Co., Ltd..
For sales in Worldwide.

ISBN 957-0453-56-7
Printed in Taiwan, Republic of China

大眾社會學叢書發刊詞

張家銘

社會學自從十九世紀由西歐傳入中國之後，已有百餘年的歷史，其思潮幾經轉折，業已大致形成一個完備的學術體系。社會學經世濟民與悲天憫人的特性是很強烈的，特別是馬克思主義一派以降，企圖全然翻轉社會體制，而其他的社會學支派中也不惶多讓，改革社會的想法也都很濃烈。然而社會學卻在學術氛圍之下逐漸形而上，充斥著數不清的專業術語與統計數字，企圖將自己科學化與制度化，而逐漸忘卻社會學知識的根源在於人、在於社會。這樣一個高度學術化、封閉性的知識系統，往往讓有心認識社會學的大眾不得其門而入。

有鑑於社會學批判性格的重要性，再加上社會學長期在台灣本土無法為社會大眾所接受與了解。於是有了大眾社會學叢書的構想。本叢書希望從國內外社會學著作中選擇具有高度重要性與可讀性的著作，引介給台灣社會，也希望藉由這些作品的引進，讓台灣社會了解社會學所學何事。

本叢書取材廣闊，舉凡文化、政治、身體、旅遊、休閒、風險、消費、人際互動等等不一而足，都是我們所亟欲引介的對象。除了讓社會大眾能夠由輕鬆簡單的社會學著作，了解一些我們從來不以為意的生活瑣事與食衣住行的重要性與趣味

性，進而認識社會學之外，也期望引介一些尖端的世界思潮或
重要的思想著作，以期與國人的思想相互激盪，交會出智慧的
火花。更期進一步協助思考、觀照台灣社會的特殊性，幫助吾
人認識身處社會的特殊性與趣味性。衷心盼望社會大眾的迴響，
也歡迎各界在書目方面的推介，讓本叢書更豐富與更有意義。

前　言

　　長久以來，只要談到國際企業，經常讓人聯想到匯率、金融業務、貿易數字和邊境通關等議題。然而，拜運輸與傳播科技快速發展與複雜化之賜，國際企業本身的性格也出現轉變。全球各地的經理人開始認真思考文化、語言和風俗對國際企業運作的影響。於是，種族中心主義退位，跨文化意識崛起。

　　超國家的法律協定、多國採購的製品、廿四小時運作的全球股市等事例，昭示全球經濟已然成形。經理人不管身處台北、雪梨、布魯塞爾、紐約、布宜諾斯艾利斯、倫敦、東京、臺拉維夫、聖薩爾瓦多、巴黎、約翰尼斯堡、利雅德、亞特蘭大或魁北克，都能像在自家一般的悠游自在，不過，企業的運作無法迴避複雜的社會、法律、政治、道德和生態等議題。

　　面對複雜的企業環境，本書旨在提供實用的分析工具，協助經理人安渡現代快速變遷的洪流。本書將會介紹如何勾勒利害關係人、如何做出道德決策、如何評估企業社會績效、如何追蹤與管理議題、以及政商關係如何管理等等。

　　從開始動筆到完成這本書的這段期間，企業在國際領域中面臨的特定議題已經歷過數次改變。幸好，分析這些變遷所使用的工具無需改變，你還是可以用同一把鐵鎚去敲擊各式各樣的釘子。你可以使用像利害關係人這類的管理工具，勾勒各種類型的利害關係人。因而，本書的目的是協助你取得整套的分析工具，方便你：

● 　評估企業營運所在地的社會政治環境；

● 以更宏觀的視野瞭解政治與社會環境如何影響企業，以及
　企業該如何妥善應對；
● 克服變遷和新問題的衝擊。

　　撰寫本書所費的時間，以及本書涵蓋的觀念和架構都遠超
過當初的預期。不過一路走來遭逢的人事與經驗讓這一切辛苦
都變得值得。我們要向「企業與社會國際協會」（International
Association for Business and Society）的同事致謝，這個專業的協
會成立於1989年，協會成員長期以來有過無數次有價值的討論
和意見交流。我們也要感謝Blackwell出版社的編輯Rolf Janke從
頭到尾的全力支持，他的鼓勵是本書出版最大的原動力。還有
Kathleen Tibbets, David Olson, Mark Cordano, Ray Jones等人，我
們感謝他們對本書的貢獻。此外我們也要謝謝Blackwell出版社
的工作成員Louise Spencely, Lisa Parker, Mary Beckwith和Paula
Jacobs給予的協助。特別要感謝的是家人Jake, Joey, Marty, Ryan
和Sam。記得1993年夏天在聖路易市，我們花了整整兩個禮拜在
餐桌上面對面的討論，Joey和Sam參加太空夏令營玩火箭，由於
家人的體諒，使我們能夠沒有後顧之憂的完成這本書。最後，
謹對寫作過程中受到影響和造成不便的所有人表達尤衷的謝
意。

Steven L. Wartick
St Louis Missouri

Donna J. Wood
Pittsburgh, Pennsylvania

目　錄

第一章

企業與社會：全球議題與全球環境

瑞士 Ciba-Geigy 是一家生產各式化學藥品的藥廠，在 1996
年正式與 Sandoz 公司合併。雖然光美國的分公司就佔其業
務量的三分之一，但 CG 在 80 年代仍然是一家不折不扣的
跨國公司。1990 年代，CG 的經營策略開始結合經濟、社會
和環保三項全球性議題，並且在最近幾年積極參與地方性活
動，例如評估工業用地整建計畫、草擬有毒廢棄物管理法令
以及制訂環境保護政策。該公司的經營階層一直積極地探究
龐大的跨國公司應該要如何把「社會」和「環境」兩個議題
納入企業的經營策略中。

1910年的全球貿易總額不到四百億美元，到了1990年已瀕
七兆美元，其中大部份的成長發生在1965年以後。從1980到1991
年這段期間，美國公司在海外的直接投資市值倍增，從3,960億
美元增加到8,020億美元。同樣在這十年間，外國公司在美國本
土的直接投資也從5,000億美元增加至2.5兆美元（IMF, 1991: 2-3;
US Department of Commerce, *Statistical Abstract*, 1993: 797）。隨
著經濟的快速成長，企業的經營環境日趨複雜，管理問題也愈
來愈棘手，處置不慎經常引發嚴重後果。

世界貿易的本質已然改變，從國際貿易轉變成全球經濟，

前者是指簽署合約的兩造彼此進行貨品與金錢的交換，而後者則是指貨品、服務、資本、收益、觀念、人力和技術以一種整合的方式，在多方之間進行跨國性流通。根據財星雜誌（*Fortune*）的報導，1988年全球前兩百大跨國企業在二十多個國家設立分公司（Alpert and Kirsch, 1988）。聯合國研究人員最近的調查則指出，全球至少有35,000家跨國企業和170,000家國外分公司（Emmott, 1993）。對經理人來說，企業的新全球結構意謂全球性的社會、政治問題浮現，所以在面對企業環境時，需要有新的思維和新的管理工具。

本書《國際企業與社會》研究的對象是企業組織與其社會、政治、科技、經濟和自然環境之間的關係。過去數十年來，在企業與社會的研究領域裡，主要的焦點是美國的企業環境——探討社會議題與社會需求的出現對企業的影響；企業績效與社會期望之間逐漸拉大的落差；公共政策在實現社會目標時扮演的角色；以及廠商因應經濟、技術、社會、倫理與政治挑戰的能力。

國際企業和全球市場究竟和過去有何不同？幾乎每個人都知道全球企業環境的存在。不過，若要瞭解全球企業環境對政治和社會的影響，就得檢視當今和過去企業環境的差異。我們以1950年代美國主導的全球企業環境作爲比較的基準。

1950 年代的企業環境

1950年代早期，日本和歐洲正試圖從第二次世界大戰的灰燼中復甦，對當時的國際市場毫無支配力。受創甚深的南韓根

本讓人難以想像她會有今天的經濟實力。歐洲經濟共同體
（European Economic Community; ECC 即歐盟前身）和石油輸
出國家組織（Organization of Petroleum Exporting Countries;
OPEC）這類跨國經濟組織尚未成立，世界貨幣秩序立基於金本
位制度，以黃金和美元之間的固定交換價位爲依歸。當時美國
在石油、汽車、鋼鐵、通訊、軍火和消費物資等製造業中獨佔
鰲頭，美國經濟已經度過最困頓的時期，逐漸轉變成服務經濟，
不過很少人察覺到這個現象，大多數的非製造性質的公司（如
零售公司和服務公司）也沒有想到要進行全國性擴張，更甭提
擬定跨國策略。

　　從科技發展的角度來看，我們幾乎認不出1950年代的經濟
環境。IBM在1953年推出第一台跟房間一樣大的電腦，1957年蘇
聯發射人類第一顆人造衛星「史普尼克號」（Sputnik）。在1950
年代，美國廣播電台的廣告收入超過電視台的廣告收入，彩色
電視尚未上市，許多家庭連電視機也沒有。其他的家用電器如
電冰箱、自動洗衣機才剛推出沒多久，而微波爐根本還未發明。
許多商品不斷汰舊換新，刺激消費者的購買慾。搭飛機旅行和
建造美國州際高速公路系統一樣，在當時都還是個夢想。美國
獨步全球的製造技術秉持其「拓荒性格」——預設某些資源耗
盡之後，一定還能在其他處女地找到可用資源。至於世界其他
各國的技術發展則瞠乎其後，「日本製」在當時是廉價、劣質的
同義詞；福斯公司（Volkswagen）推出配備陽春、價錢便宜的金
龜車才剛進軍美國。1950年代的美國在科技發展上沒有競爭對
手。

　　從社會的角度來看，1950年代早期的美國與當今的全球環

境迥異。拜第二次世界大戰之後的嬰兒潮所賜，美國每四個人
當中就有一人年齡不到14歲。在那個強調安全至上的時代，郊
區化（suburbanization）現象繼都市化之後產生，女性的生活型
態也迥異於過往，29%的女性外出工作，就業婦女佔全部勞動人
口的34%，且多半集中在少數幾種職業，如小學老師、秘書、護
士、圖書館員、售貨小姐或出納員（US Bureau of Labor, 1989）。
1954年最高法院對【布朗控告教育委員會案】的判決確認黑人
兒童有平等接受教育的權利，該判決也為往後十年的民權運動
鋪路。環保主義、消費者利益保護運動和女性主義在當時還不
算是主流的社會、政治議題。

　　在那個年代，在家裡吃中、晚餐是尋常事，快「速」和「食」
物還沒有被人聯想在一起。發跡於伊利諾州德斯普藍（Des
Plains）的麥當勞（McDonald's）剛要將其漢堡製程標準化。（寫
到這裡，全世界已賣出將近一兆個麥當勞漢堡，其中最忙碌的
分店就在莫斯科和布達佩斯。）在世界其他地方發生的社會問
題尚和生活品質無涉，而是與戰後重建和養活暴增的人口有關。

　　政治領域發生的全球大事最能吸引眾人目光，歐洲重建、
馬歇爾計畫和聯合國等事件成為政治的焦點。毛澤東開始在封
閉的大陸進行文化大革命，而冷戰對政治的影響更為強烈——
美國和蘇聯之間從事長期的軍備競賽，致使美國國內彌漫著一
股「紅色恐怖」，大家都擔心共產主義的勢力在第三世界擴張，
所以建造核武與擴張軍備的呼聲猶高。當時的學校會教導學童，
在遭受核武攻擊時得迅速背對玻璃躲在桌下以保護自己。麥卡
錫（McCarthy）參議員舉行國會聽證會，誓言要雷厲風行地把
美國境內的共產黨及其同路人一網打盡。在地球另一端，戈巴

契夫（Mikhail Gorbachev）目睹了新的領導政權在史達林（Stalin）死後接掌蘇聯，二十歲出頭的他不曉得改革（perestroika）和開放（glasnost）最後會讓國家邁向分裂。在國際局勢中，美國的利益支配著中東和中南美洲，許多非洲國家仍是歐洲的殖民地。卡斯楚（Fidel Castro）當時還是個法律系學生，並且是個前途看好的投手。此時在東南亞打戰的不是美國，而是法國。

　　1950年代的經濟環境尚未全球化，正如賓州大學華頓（Wharton）學院的教授魯特（Frank Root）所言，全球化在1950年代之後才出現顯著進展，因為「在此之前全球的通訊與運輸基礎建設不足，加上政府的政策限制過大，致使全球企業策略只是少數企業家心裡的虛幻美夢」（Root, 1973: 510）。從經濟層面來看，1950年代的世界已做好全球化的準備，但唯有仰賴技術、社會和政治領域的發展臻於成熟，企業家的美夢才能獲得實現。

現今的全球企業環境

　　世界市場、產業的複雜性與快速變遷是當代企業環境的特徵，許多重要產業已鮮能由單一國家把持，現今環境已迥異於1950年代由美國獨霸的局面。如何在全球環境中維持競爭力，成為多國籍公司面臨的主要課題。1988年全球前二十大民營公司（依市值計算）當中，只有三家是美國公司（IBM、Exxon、GE）、一家歐洲公司（Royal Dutch Shell），其餘十六家都是日本公司。1990年全球前一百大多國籍企業的資產高達3.1兆美元，其中1.2兆美元的資產分佈在母公司註冊的國家境外；觀察家估

計，全世界將近40-50%的跨國資產由這百大企業控制（Emmott,
1993）。在1994年的全球前二十大企業排名上，美國公司有八家，
歐洲公司有六家，日本公司因國內股市衰退而只剩五家在榜，
至於韓國的電子大廠三星公司（Samsung）則首次進榜。

　　1994年全球前二十大國際銀行中只有四家是美國銀行，六
家是歐洲銀行，原本在1988年有十六家上榜的日本銀行至今只
剩一家留在榜上（Connor, 1994）。在1980年代短短的數年之間，
美國從全世界最大的債權國變成最大的債務國，外國人在美國
的投資額也超過美國在海外的投資，這種情況與1970年代大相
逕庭——當時每一美元流入美國就有五塊美元由美國匯出。由
於新的浮動匯率系統取代固定匯率的金本位制度，美國的出口
值已無法和進口值同步。傳統上由美國支配的鋼鐵、汽車和電
子產業當中，南韓和一些新興發展國家逐漸嶄露頭角。此時的
歐盟持續朝向經濟統合的目標邁進，而東歐和蘇聯的變革則使
前所未有的商機與挑戰乍現。石油輸出國家組織的力量雖然較70
及80年代衰退，但是在一個依賴石油的世界裡，該組織仍是一
股重要勢力。

　　從技術發展面來看，當代的經理人不再援用傳統的溝通工
具，而開始大量使用電子通訊工具，這項發展使IBM躋身全球前
十大公司。事實上，1993年全球前二十大公司中有七家是電子
公司（Farnham, 1944）。衛星電視與有線電視和電腦－電話－傳
真－數據機設備的相互連結，把世界上發生的大事立即呈現在
辦公室和客廳中。在1991年的波斯灣戰爭中，包含伊拉克總統
哈珊在內的各國領袖和全世界觀眾一樣，都是靠有線電視新聞
網（CNN）瞭解最新戰況。至於世界上最先進的工廠利用機器

人和電腦／機械工具技術，生產少量多樣的各式產品。由於產品可以透過「即時生產」（just in time）獲得良好控管，「庫存」概念因而走入歷史。「採購」（outsourcing）成為商場主流，單一產品的不同零件由不同地區生產供應，再由接近主要市場的地區負責組裝銷售。業界普遍瞭解地球資源的有限性，所以比過去更能策略性地使用能源與原料。「日本製」和「歐洲製」不再是次等品質的代名詞。

在社會領域中，美國在50年代嬰兒潮出生的人，在60年代變成反對派、在70年代變成「自我」世代（"ME" generation）、在80年代成為雅痞，到了90年代成為國家領導人。今天，五分之一的美國人口年齡低於14歲，逾半數的女性投入職場。1950年代傳統的美國家庭型態——男主外、女主內再加上幾個小孩——現在幾乎消失，所佔比例不到8%。至於女性角色在世界各地也出現大幅改變，女性就業在北美和歐洲非常普遍，在英國、加拿大、法國、丹麥、印度、巴基斯坦和菲律賓是由女性出任首相或女總統，就連日本這麼傳統的社會，最近也任命一名女性接掌政府要職。相反地，在部分中歐國家由於領導者回歸於宗教的基本教義，近十年間婦女角色現代化的趨勢則出現萎縮跡象。

在生態與社會問題方面，諸如亞馬遜河雨林遭破壞、溫室效應、酸雨、瀕臨絕種動物和保護人權等問題，現已成為國際矚目的焦點。除了文化之間的差異之外，現今的國際社會更重視彼此間的互賴。以全球禁用破壞臭氧層的氟氯碳化物（CFCs）引發的爭議為例，工業國家欣然同意放棄使用和製造噴霧器，但開發中國家卻仍在冷凍製程中使用氟氯碳化物。另一個引起

爭議的案例是中歐最大的地底淡水蓄水池建造可能帶來的污染問題，這個幾近完成的水力發電計劃已造成匈牙利、捷克、斯洛伐克和奧地利之間的局勢緊張，並涉及美國、歐盟及前東歐等國的商業利益（Wood, 1992）。

　　在政治上，公民權和人權、環保主義、消費者保護運動已不再是美國特有的現象，而是工業化世界共同重視的公共政策。福山（Fukuyama, 1992）指出，世界上最強勢的兩大主義——美、歐的資本主義和蘇俄的共產主義——之間的戰爭已成為歷史，雖然有些衝突還是發生在中國大陸、韓國、東南亞以及在1997年回歸中國大陸的資本主義大本營——香港。南半球大多數的發展中國家仍在爭取獨立、經濟安全以及國際地位。然而，當西方世界的經濟實力足以進行資本的跨國快速流動時，工業世界卻遭逢許多利益問題，比如哥倫比亞的毒品交易、生態系統中的物種滅絕和土壤腐蝕等等，這些問題均有礙國家與社會的發展。發展中國家無力維持國內的政治穩定，也無法形成國際聯盟來確保自身安全。

全球議題與企業之間的關連性

　　現在的世界已迥異於四、五十年前的狀況。對企業和個人來說，從各個角度來看，所有部門變得更複雜、更混亂、更不可測、更互賴、更多元，且威脅與機會也愈多。這些變化讓所有經理人深切體認：必須認識企業在各社會中的角色，避免援用陳舊的思維，才不會導致誤判市場、產品和企業績效。

　　上述現象對企業和社會之間的關係究竟具有何種意涵？不

管企業是否涉足國際貿易，爲什麼經濟活動的全球化都會影響其政治與社會環境？下列案例說明社會政治議題無法自外於全球經濟的範疇：

● 伊朗的政教領袖譴責《魔鬼詩篇》的英國作者，呼籲分佈在全球的追隨者緝殺作者和讀者，並以恐怖活動要脅美國書店將該書撤架。

● 明尼蘇達的行動份子向州政府施壓，要求一家瑞士多國籍企業股票下市，因爲這家公司在牙買加不當行銷嬰兒奶粉。

● 破壞份子在智利出產的葡萄內注射氰化物，使整個北美零售系統癱瘓數個月。

● 日本政府因涉入跨國企業的行賄醜聞而垮台，而新政府亦受到威脅。

● 一家在印度波帕爾（Bhopal）設廠的美國工廠發生致命化學毒氣外洩事件，該公司總裁因而被捕入獄，歐、美廠商則記取這次教訓，設定新的安全管理辦法，甚至重新啓用50年代冷戰時期制定的社區居民疏散程序，至於事涉企業責任與公平賠償的法律問題則進入漫長的國際訴訟。

　　1970年代的世界開始察覺全球市場和全球社會議題的存在。能源危機、通貨膨脹和景氣蕭條在世界各地引發社會政治的變化，而日本經濟實力的增強，以及鋼鐵和汽車等美國過去主導的工業出現結構重組，標示新經濟環境的形成，其中有關文化、價值、社會結構和政治等社會內部與跨社會的各項議題均具有其重要性。譬如，智利政府與智利的電話公司，在70年

代霸佔一個由美國控制的銅礦，而ITT公司擁有此銅礦70%的股權。1973-1974年間，阿拉伯石油輸出國組織（OAPEC，石油輸出國家組織的次團體，包括委內瑞拉和奈及利亞）不遵守石油輸出禁令，導致世界經濟進入寒冬。鐵礬石和咖啡製造商步上阿拉伯石油生產國的後塵，成立世界性的卡特爾（cartel）管理其商品。而在1978年，立場親美、作風既現代又獨裁的伊朗國王被基本教義派驅逐出境，使伊朗再度蒙上神秘的面紗。

至於國際性準政府組織（quasi-governmental institutions）（如歐盟以及在南美、加勒比海和非洲出現的類似組織）開始賦予政商關係新貌。在中東、日本和歐洲等地的國外行賄事件曝光後，與不同地主國環境有關的企業倫理與實務問題逐漸受到重視。近十年來，全世界開始注意企業的社會責任，發展中國家遭遇的問題，如傾倒危險廢棄物、不當行銷嬰兒奶粉、藥品和殺蟲劑濫用等也都逐漸受到正視。

全球化影響的範疇不只侷限在經濟層面，也包括社會和政治議題。全球化對經濟環境和社經關係產生的深遠影響實不容置疑，不過全球化的影響力量才剛開始展露。90年代的企業領導人絕對不能缺少全球思維：

「全球化」將不可避免的持續成為流行用語，這是少數可以確認的事情之一。企業將在一個相互連結程度更高的世界裡運作，加上電腦與通訊技術的日新月異…經理人必須帶領組織快速回應國外的發展…隨著全球化的程度漸增，企業將不得不和外國客戶、競爭對手與供應商緊密結合在一起（Kupfer, 1988）。

對於在多國籍企業工作的經理人來說，處理國際貿易、接洽外國供應商以及面對國外競爭者，這些都是最具挑戰性的時刻。譬如一位南達科塔電子修護公司的負責人曾說：「愈來愈多人購買中國大陸生產的廉價發動機，所以我們只好學習如何修理它們。」財星雜誌做出評論：「不管世界的變化多微妙，世界終究會不斷前進」（Farnham, 1994: 98）。

經理人若要瞭解全球經濟環境，必須要能超越企業管理中的傳統經濟因素與科技因素；為了規避不必要的風險並認清機會，經理人必須體察企業環境各個面向出現的資源與變遷帶來的影響，這些面向包括社會層面、經濟層面、政治層面、科技層面和生態層面。為了做出及時的決策，經理人必須瞭解某個國家的環境變遷會對他國發生的事件與環境產生連動影響：「複雜的全球現象不會遵循傳統的邏輯和推論，也不能工整地歸入簡單、互斥的類別，因此不能以傳統的方法管理」（Mitroff, 1987: 145）。為了避免只是單純地反應外在環境的變化，經理人必須有效地參酌世界各地的文化和事件等知識，並測度這些文化與事件對公司的影響，才能發展其行動計畫。

「如果…怎麼辦」：新管理工具的需求

經理人不能援用傳統的分析工具，來推測未來世界可能出現的事態及其對企業的影響。檢視「如果…怎麼辦」（what if）的問題，或許能幫助經理人掌握未來的狀況。下列專欄列舉數例說明之。

這些假設事態對企業來說具有重要意義，因為標準的管理

- 如果美國和亞太國家為了回應歐洲統合而形成一個共同市場怎麼辦？
- 如果俄羅斯或中國真的成為資本主義國家怎麼辦？
- 如果人類在未來二十年內能將平均壽命提高到一百歲怎麼辦？
- 如果美國知道如何開採其他星球的礦物怎麼辦？萬一日本比美國更早知道這種開採方式怎麼辦？
- 如果全球溫室效應導致一些國家（如荷蘭）消失怎麼辦？
- 如果聯合國在未來五十年內被全球集團企業取代怎麼辦？

工具（如財務分析、市場分析、公司會計和報告、產品及營運知識）無法發覺這些事態。譬如，當美國和亞太國家建立共同市場，這些工具能提供我們有關社會、文化、語言和人口變遷的有用資訊嗎？當俄羅斯和中國出現私有化之後，接著會產生什麼樣的技術變遷？世界經濟和軍備均衡又會受到什麼影響？當壽命長度戲劇性地增加，我們需要何種新的生產和分配工具，才能確保世界人口得以溫飽、安居、受教和就業？人口爆炸的第三世界國家會不會聯合起來，取得核子生產力並接掌世界政治的主導權？

　　這些「如果…怎麼辦」的假設事態並非牽強的想像。過去二十年來，我們已經見證許多難以想像的事件發生，譬如東歐的政治革命、伊朗與阿爾及利亞的宗教基本教義派復興、太空梭科技的發展以及全世界對人權的倡導。然而，這些全球事件

和趨勢對企業環境的影響卻是一種新的見解，經理人在執行業
務和達成目標時也會受到影響。最重要的是，唯有採用非傳統
的工具，才能掌握事態的發展，也才能瞭解和管理全球企業環
境。下一節將簡介本書發展和採用的其他工具。

企業與社會的引導模型

　　爲了幫助讀者瞭解企業和社會的國際面向，以及所需要的
非傳統性邏輯，本節將先定義一些重要的專有名詞，隨後介紹
一套被證實有助於歸納社經互動概念的工具，也就是企業環境
的SEPTE模型、由前者衍生的機構意識型態模型、企業環境關
係的利害關係人模型、及企業的社會運作模型。稍後我們會具
體說明這些模型，並應用在全球企業環境以及獨特的社會和政
治環境中。

　　我們常會使用國際、跨國、全球、本國、地主國等專門用
語，不過他們的意義並不明確，以下逐一定義這些用語：

國際企業的重要用語

多國籍（multinational）企業：佛南和威爾斯（Vernon and Wells,
　　1986）認爲，多國籍企業是由分散在不同國家的子公司組
　　成的集團，不過其股權卻有以下特性：(1)由相同的負責人
　　連結在一起；(2)資源共享，如資本、信用、資訊系統、企
　　業名稱和專利；(3)執行共同的策略。多國籍公司的本質是
　　單一組織爲完成目標，會在一個國家以上的地區進行類似
　　的企業活動。

MNC或MNE：MNC係指「多國籍公司」（multinational corpora-

---

tion），不過該詞經常以「多國籍企業」（multinational enter-prise）替代，這是為了要突顯並非所有商業實體全都以公司型態呈現。

國際（international）企業：這個名詞經常用在國家之間的水平整合；也就是說，雖然公司或組織的實體只在一個地方，但原料來源、販售或其他的活動可以跨出國界。（Buckley and Casson, 1976）

跨國（transnational）企業：依傳統用法，這個字是多國籍的同義詞，主要是因為聯合國指MNC為跨國而非多國籍公司。然而，在現代的用法中，跨國通常被視為全球，而非多國籍。

全球（global）企業：雖然這個名詞和全球化一樣流行，但卻沒有一個廣為採納的定義。這個詞的重點在於其經營目標是一項獨特的、世界性的經濟活動或產業，範圍更廣泛，意義更含糊，同時也代表跨國和多國籍這兩個字融合後的概念。

母國（home country）：本國是指多國籍企業的發源地，及企業總部的所在地。

地主國（host country）：係指多國籍企業在本國或總部所在國之外，經營事業的任何一個國家。

SEPTE 環境

如圖1.1所示，我們可以將企業視為鑲嵌在一個由數個不同部門組成的環境當中。事實上，剛才在比較1950年代與1990年

圖1.1　企業環境的SEPTE模型

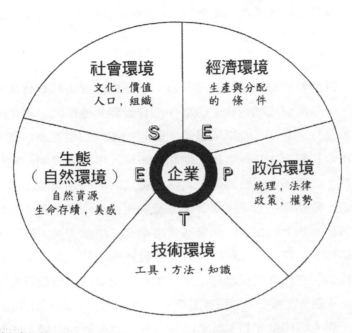

資料來源：Wood, 1994

代的社會、經濟、政治、技術和生態環境時，我們已使用過SEPTE
模型檢視企業環境（SEPT模型的早期發展可參考Wilson, 1977；
SEPTE模型的最近發展可參考Wood, 1994）。伍德（Wood,1994）
認為，每個部門都與環境中特定的幾個面向有關：

● 社會環境：文化、價值、人口、社會組織的形式。
● 經濟環境：生產、分配和交換的情況。
● 政治環境：權勢、法律、公共政策和統治。
● 技術環境：生產的工具和方法、資源的操縱、傳播、知識

的生產與使用。

● 生態或自然環境：自然資源、自然美或美感對情感的益處、以及生命的存續。

　　雖然對於每個環境部門而言，這些構成要素都具有其獨特性，但是某個部門內發生的事件卻會影響其他部門內事件的發生或進行，意即，企業環境是一個錯綜複雜的相互連結體。譬如東歐和蘇聯在1980年代末期和1990年代早期出現劇烈的政治變化，共產國家紛紛解體，對這些國家內部的企業和經濟環境來說，政治變化意味國營事業以及動用政治決策干預經濟組織的情況將劃上句點，而弱勢通貨將造成三位數的通貨膨脹，股票市場成立在即，私有財產概念也會逐漸取代「共產」的烏托邦理念。在社會環境部分，民主和私人企業的價值觀將慢慢形成，不過，沈寂多年的民族衝突卻將再度興起。當鐵幕打開時，勞工與人口移動加劇。雖然許多人展開雙臂歡迎這種形同解放的改變，但卻必須痛苦的重新定位過去四十年的歷史，解釋和神化這段幻滅的願景。而變遷同樣出現在技術領域中，西方廠商開始採取技術移轉來支援其新公司，政府也開始思考引進最新的行動通信系統。共產黨統治時期生產方式對生態造成的破壞，是即將進駐這些國家的多國籍公司必須正視的問題。

　　若要瞭解當今世界各個環境部門之間的相互連結，便需要新的分析工具，且不能再援用傳統的思維。全球企業環境不僅是金錢、商品和技術的總合，而是人類與事物相互連結的複合體，SEPTE模型可以提供洞察該環境的第一步。

「機構－意識型態」模型

　　「機構－意識型態」模型（institutional-ideological model; IIM）與前述SEPTE模型的差別不大，也是思索人類活動如何組織的方法（如圖1.2所示）。這個模型把技術與生態擺在核心位置，原因並不是二者是最重要的環境因素，而是這兩個面向是組織及其成員能否擁有發展機會的基礎。機構－意識型態模型把環境中的社會、經濟、政治活動打散並分置於意識型態與機構兩個要素中，意識型態要素包括觀念、價值以及信仰等集體活動的基礎，而機構要素代表的是從事該活動的團體與組織。

　　比如在談失業議題時，倘若沒有確認與該議題有關的特定經濟意識型態（譬如歐式的資本主義）或特定的機構（譬如健

圖1.2　機構－意識型態模型(1)

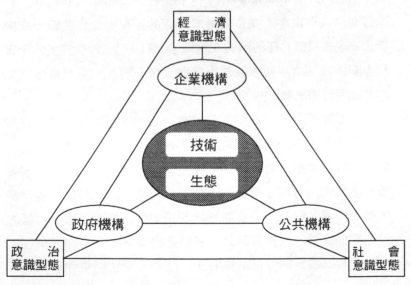

保組織），就會對問題產生很大的誤解。某些國家不存在所謂的
失業概念，因為這些國家的意識型態讓民眾無法想像，為何讓
民眾充份就業是國家的責任。

　　因此，機構－意識型態模型是SEPTE模型精煉之後的產物，
前者區辨出各種意識型態思想體系，將人類行為從規定行為的
機構與組織安排中提煉出來。第二章會深入探討和舉例說明該
模型，而第三章會把討論拓展到特定範疇：國際企業脈絡中的
政商關係。

利害關係人與企業

　　企業的利害關係人（stakeholder）是指與企業有利害關係
（stake）的個人或組織，將此概念擴展，一位擁有公司股票的
人，稱之為股東（stockholder）。傅立曼（Freeman, 1984: 46）將
利害關係人界定為「在企業達成目標的過程中受到影響，或影
響企業達成目標的任何團體或組織」。圖1.3列出數個典型的企業
利害關係人，這些利害關係人是與企業有關且和企業產生互動
的各種團體和組織。

　　利害關係人的利益與企業績效之間的關係可能是彼此互補
或和平共存，不過兩者經常處於不一致甚至激烈衝突的狀態。
譬如顧客要求產品價廉物美、雇主想要利潤極大化、員工想要
薪資極大化、財務分析師希望公司能提高股價、媒體想要有趣
刺激的報導、環保份子想要終結污染並要求關閉工廠、社區希
望企業提供工作機會與回饋、各級政府要求人民守法、納稅與
服從。從上述事例可以清楚看出，這些要求和期望並不總是一

圖1.3　企業的利害關係人

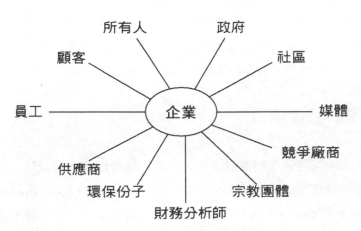

致（雖然它們並不總是處於衝突狀態），而公司也無法滿足這些施加在他們身上的要求。

　　在全球市場中，企業的利害關係人戲劇性地擴增。例如，不論在哪個國家，當一家公司開始經營事業時，關係人就會像圖1.3一樣，與公司產生互動；只是在不同的國家中，這些關係會有差異；因為，關係人對企業的期望會因關係人在社會上的角色、策略不同，而以不同的方法影響企業活動。此外，跨國企業之間的連結，也使得利害關係人與企業的關係複雜化。跨國交流頻繁之後，企業與利害關係人之間又增添更多的影響因素，比如國際經濟與政治組織、國際恐怖組織與軍事單位、國際著作權組織與盜版團體、黑市交易、流亡政府、革命後的臨時政府、世界宗教組織等等。全球利害關係人存在或不存在，會有什麼不同的結果，一般人並不清楚；舉例來說，國際法律事務所在面對公海恐怖份子或著作侵權時，應該援用什麼法律，

也非常不明確。

　　由於利害關係人對企業的期待，以及企業對利害關係人的衝擊，經理人必須特別注意與關係人之間的關係處理程序和結果；此時，企業的社會績效模型可以成為經理人的好幫手。

企業的社會績效

　　經理人的信念和選擇決定的企業行為會影響利害關係人、自然環境和整個社會。如圖1.4所示，企業社會績效（corporate social performance）模型代表下列三者之間的連結──(1)統理企業與社會之間關係的社會責任原則，(2)企業實行這些原則的程序，以及(3)企業活動產生的各種影響，不管是有意或無意、積極或消極、或是屬於經濟、政治和技術（Wartick & Cochran, 1985; Wood, 1991）。

　　企業的社會績效模型將在第四章討論和說明，在第五章檢視幾個與企業社會績效和利害關係人管理有關的特定議題。此

圖1.4　企業社會績效模型

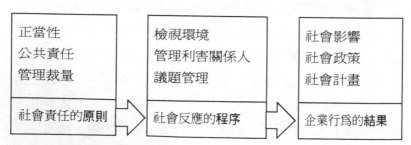

資料來源：Wood, 1991

外，第六章和第七章會探索國際企業的倫理面向，並將利害關係人和企業社會績效分析更深入的擴展到社會價值衝突的議題。

結論

如果經理人只受過傳統的分析訓練，他們對經濟和技術變數的處理方法肯定不利於全球市場上的競爭。不過，對那些懂得分析社會結構、描繪利害關係人及其利益、以及評估企業社會績效的經理人來說，他們將擁有別人所沒有的優勢。本章提出的社會和政治分析工具，可以幫助經理人處理全球企業環境中面臨的各種變遷、挑戰、威脅和機會。這些工具會在後續章節中陸續闡述。

參考書目

Alpert, Mark and Sandra Kirsch. 1988. "The Fortune 500." *Fortune* (April 25) D. 11-13.

Buckley, Peter, & Mark Casson. 1976. *The Future of Multinational Enterprise*. New York: Holmes & Meier.

Connor, David. 1994. "Top Twenty Take to Travel." *Banker* 144:816, pp. 49-52.

Emmott, Bill. 1993. "Multinationals." *Economist* 326:7804 (March 27): 555-8.

Farnham, Alan. 1994. "Global – or just globaloney?" *Fortune* (June 27, 1994): 97-9.

Farnham, Alan. 1994. "The Global 500." *Fortune* (July 25).

Freeman, R. Edward. 1984. *Strategic Management: A Stakeholder Approach*. New York: HarperCollins (formerly Pitman/Ballinger).

Fukuyama, Francis. 1992. *The End of History and the Last Man*. New York: Free Press.

International Monetary Fund. 1991. *Direction Trade Statistics Yearbook*. New York: IMF.

Kupfer, Andrew. 1988. "Managing Now for the 1990s." *Fortune*, (December 19) 133-40.

Mitroff, Ian I. 1987. *Business NOT As Usual: Rethinking Our Individual, Corporate, and Industrial Strategies for Global Competition*. San Francisco: Jossey-Bass Publishers.

Rhinesmith, Stephen H. 1993. *A Manager's Guide to Globalization: Six Keys to Success in a Changing World*. Alexandria, VA: American Society for Training and Development; Homewood, IL: Business One Irwin.

Root, Franklin R. 1973. *International Trade and Investment: Theory, Policy, Enterprise*. Cincinnati: South-Western Publishing Co.

US Bureau of Labor. 1989. *Handbook of Labor Statistics*. Washington, DC: US Government Printing Office.

US Department of Commerce. 1988. *Statistical Abstract of the United States*. Washington, DC: US Government Printing Office.

Vernon, Raymond, and Louis T. Wells, Jr. 1986. *Manager in the International Economy*. 5th ed. Englewood Cliffs, NJ: Prentice-Hall.

Wartick, Steven L., and Philip L. Cochran. 1985. "The evolution of the corporate social performance model." *Academy of Management Review* 10: 758-69.

Wilson, Ian H. 1977. "Socio-political forecasting: A new dimension to strategic planning." Pp. 159-69 in A. B. Carroll (ed.), *Managing Corporate Social Responsibility*. Boston: Little Brown.

Wood, Donna J. 1991. "Corporate social performance revisited." *Academy of Management Review* 16: 691-718.

Wood, Donna J. 1992. "'Dams or democracy?' Stakeholders and social issues in the Hungarian-Czechoslovakian hydroelectric controversy." *Proceedings of the international Association of Business and Society*, Leuven, Belgium, June.

Wood, Donna J. 1994. *Business and Society*. 2nd ed. New York: HarperCollins.

SEPTE 模型和各種全球性的主義

　　企業所處的社會環境涵蓋甚廣，包括風俗民情、倫理規則、語言及其對事物認知方式的影響、法律和公共政策、政府行政程序、合法性概念等等。國際企業經理人必須意識到這些脈絡及其對組織績效和個人表現的影響。

　　假設有一位美籍經理被調到巴西，負責籌設一家子公司，這位經理人得瞭解：1990年的巴西政府才剛擺脫十多年的軍事統治，當時的利率大約是700%。巴西的中央銀行重新調整匯率以因應當時的局勢，減少外資的控制，並調升利率。而巴西在1995年預估的國內生產毛額成長率達5%，是近年來的新高（Ryser, 1995; Finance, 1995）。這位經理人還得知道，葡萄牙語是巴西的共通語言；子公司的設立位置顯然得考量交通便利性和勞力取得的方便性；至於技術與生產運作是否影響巴西雨林和臭氧層，也需要一併考慮。

　　如果沒有認識地主國的社會、經濟、政治、技術和生態等問題，經理人如何期望企業能在海外存活下來？行事謹慎的國際經理人會發展出蒐集和解釋資訊的方法，以便精確的瞭解當地社會的結構與運作。

　　本章將介紹在SEPTE模型基礎上建立的「機構－意識型態」模型，並說明該模型如何用來瞭解與企業和社會議題有關的跨

文化差異。本章還要說明機構角色如何形塑企業可能採取的行動。世界上各種重要的主義（ISMs）——譬如資本主義／社會主義、多元主義／極權主義、個人主義／集體主義——為機構活動提供提供社會脈絡、正當性與合法性。在比較各種主義之後，便能掌握它們對企業運作和全球性社會議題的影響。

國際企業經理人多采多姿的生活

　　在研究企業和社會時，SEPTE模型常被用來檢視和整理企業環境的各種面向（Wilson, 1997; Wood, 1994）。經理人在面對企業運作的大環境時，運用這項分析工具便可確保不會遺漏任何重要面向，包括社會面向（人口、文化、價值、權力關係）、政治面向（法律、公共政策程序和政治權力的分配）和生態面向（節約自然資源、保護自然美景、維繫生命），這些面向與經濟面向（國內生產毛額、市場結構、競爭條件）和技術面向（發展基礎設施、工具和技術、知識）一樣重要。雖然互動的型態殊異，但是SEPTE模型的五大面向確實是決定組織績效和個人表現的重要因素，而每個面向的情況都會影響其他面向。

　　威爾遜（Ian Wilson）在奇異公司擔任企劃人員時發明SEPTE模型，他喜歡以划乘獨木舟比喻企業在大環境中的處境。有時候河流平靜如鏡，河岸輪廓分明，潮流清晰可辨，河道上的障礙物舉目可見，泛舟技術再差者都可以在河上安全航行。在此平穩時刻，河道的特性很容易觀察和解讀，河流本身不會對泛舟者產生威脅，而泛舟者此時還能趁機飽覽沿途風光，放鬆身心恣意享受。

　　順河而下，一陣令人暈眩的怒吼聲預告湍流將至。湍急的河水似乎改變了河床，潮流狂烈的捲起，河中障礙物更具威脅性。在急流的衝激下，河岸一度消失。潮流匯集出驚人的力量，看不見的障礙物似乎時時要粉碎獨木舟。只有技術高超的泛舟者才能安度險境，業餘人士終將翻船溺水。而急流之後，河流再現前所未有的寧靜，直到另一個湍流再起。

　　只在安定時期考察大環境的經理人，就如同只在河流平靜時才考察河岸、潮水和河中障礙物的泛舟者，永遠沒有事先應付急流的準備。這類經理人甚至在聽到瀑布接近的怒吼聲時，可能都還誤判爲小急流。就像河岸、潮流和障礙物的變化可能對泛舟者產生威脅，SEPTE模型勾勒的社會各面向或某地區的大環境也會爲國際經理人帶來許多威脅。

　　因此，瞭解某個國家的國內生產毛額，或知道該國政治體系是由軍事政權統治固然重要，但若能更深入瞭解軍事政權對經濟發展和國內生產毛額的影響，或知道國內生產毛額偏低是促使軍事政權得以形成的驅動力，如此將更能深入且有意義地認識這個社會。由於跨國企業在他國使用的技術，必須配合當地勞動力的素質才能展現效用，所以經理人必須瞭解不同地區的教育、人民的讀寫能力和工作價值，並熟悉不同社會階級和不同地區的狀況。這類資訊除了能提供多國籍企業在技術決策上作參考，也提醒國際經理人在某些國家可能會面對的政治風險，或者國內生產毛額可能出現的邊變。

　　如上例所示，連結SEPTE模型的各個重要面向，正是機構－意識型態模型所欲處理的對象。機構－意識型態模型可以幫助經理人超越素樸的SEPTE模型，歸納大環境當中存在的各種

勢力及其相互連結的狀況。該模型為處於困境中的國際經理人
提供一把槳，下個段落將細探此一模型。

機構－意識型態模型

　　如圖2.1所示，在機構－意識型態模型中，機構活動是主要
的焦點，因為機構活動是行動發生的場合——不管事情是發生
在社會內部或各社會之間。簡言之，該模型指出，技術透過接
合企業、政府和公共活動的機構性程序，並經由經濟、政治和
社會意識型態塑造出特定的形式和關係，由此界定了社會的發
展可能性。對社會系統來說，自然環境是個相當重要但卻經常
被忽略的物質環境，它提供諸多重要資源，讓機構活動的實現
成為可能。

圖2.1　機構－意識型態模型(2)

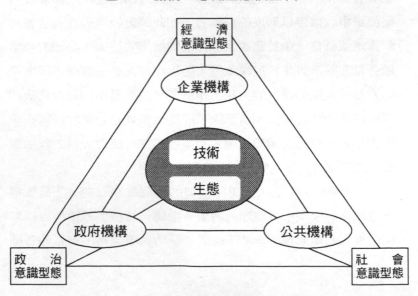

企業、政府和公共機構

　　機構（institution）是指一個不斷進行且有組織的人類活動，該活動具有某種基本的社會目標。每個社會都內含三種類型的機構活動：企業活動（經濟性）、政府活動（政治性）和公共活動（社會性）。這些機構超越了任何單一組織，反映出社會運作所需的基本程序。事實上，每個組織可能代表兩種甚至三種機構程序，而各機構可由許多組織代表（可稱為組織叢（organization-set），類似第一章提到的利害關係人組合）。如果不考慮特殊形式，這些機構存在於所有社會當中，人們可以透過這些機制瞭解社會的進展與問題。

　　企業機構由那些不斷進行且有組織的活動所組成，主要目的在將投入（如土地、勞力、自然資源、觀念、資本）轉變成產出（如商品、服務、就業、財富、利潤、收入），以提供社會的物質需求和滿足。重要的是，當我們在機構的意義上使用「企業」（business）一詞時，我們討論的不只是企業廠商本身，還包括物質轉換的程序，以及參與該程序的任一組織。當然，私有的資本主義企業是企業機構組織叢當中的一部分；此外，由於每個社會的組織型態和意識型態各不相同，下列這類組織也可以算是企業的一部分：

● 以擴大就業為目標，或因其他社會目標或政治目標存在的國營製造業。

● 由政府支助的「育成中心」（incubator），扶持企業的創立與發展。

● 非營利性的醫院和教育機構。

● 為飢餓者發放救濟食物的布施場。

● 將廢棄物轉變成可用物資的的都市資源回收計畫。

● 將種子、土壤和勞力轉變成食物的農技團。

　　政府機構是指以建構社會為基本目標的不斷進行且有組織的活動，政府機構會在此過程中界定和實施適用於每個人的「遊戲規則」，並合法化某些特定的例外情況。由政府機構界定和施行的規則通常內含社會控制與重新分配資源、利益和社會責任等要素。無疑的，我們會把下列這些組織視為「政府」——領袖（如總統或總理）、立法院或國會、管理機關、內閣、法院以及各部會和各局處，因為它們的主要功能是界定和施行社會控制與分配的規則。此外，我們也可以看到產業協會為其會員公司執行類似功能、企業為員工制定和施行規則、家庭為家人逐行類似功能。「政府」作為一種機構程序，實已遠遠超越我們一般認知的社會結構和組織。

　　公共機構指的是家庭、教育、宗教、俱樂部和義工團體等這類機構，它是以滿足歸屬感、社會化和詮釋（或賦予意義）為基本目的的不斷進行且有組織的活動。在任何社會系統中，人們需要感受到自己被團體接納（歸屬感），需要學習哪些是可被接受的行為以及適當的價值觀，需要相關的知識和學習方法（社會化），也需要一些方法來瞭解生命的意義，並幫助他們做出個人詮釋。

　　以美國社會為例，當我們在實現歸屬感、社會化和詮釋功能的意義上看待美國社會，通常會想到家庭、友愛團體、俱樂

部、專業協會、學校、宗教組織和非營利機構等各種形式的「公共」組織。不過企業和政府組織也能執行相同的功能（即便這並不是其基本目的）。它們之間的進一步互動舉證如下：

● 美國大多數的中小學是擬似政府組織，但是在其他許多國家當中，從小學到大學都直接由政府管理。
● 有些國家設立國教（如英國）；有些國家是由宗教團體統治（如伊朗）。
● 某些國家的家庭具備較強的經濟或企業功能（譬如僅能維持生計的經濟體即是如此），而不是以歸屬感和賦予意義為主要目的。

機構之間的重疊。人們通常認為美國的社會系統是由企業、政府和公共機構所組成，而各機構分別由性質相異的組織為代表。美國人認為公司執行企業功能、管理機構執行政府功能、學校或教堂執行歸屬和詮釋功能。這種簡單地以機構功能來區分組織事實上並不符實際。

機構－意識型態模型以一種更具互動性，且更為實際的方式來檢視社會系統、社會機構和組織。事實上，每一種類型的組織都會執行這三種基本的機構功能，雖然執行的程度可能不一。透過機構－意識型態模型的導引，我們易於探查身邊的組織如何執行這些功能。例如，某家營利導向的企業除了執行將投入轉換為產出的功能，也會表現出治理、歸屬、社會化和詮釋的功能。

大多數先進國家的媒體也是個極佳的例子。媒體是企業、

政府、還是公共機構？答案是「三者皆是」，因爲它同時執行這
三種機構活動。媒體扮演著企業角色，將投入轉換爲產出（在
資本主義社會中是以獲利爲目的）；扮演著公共角色，報導和解
釋社會事件；也扮演著統理角色（譬如美國的媒體有「第四階
級」[*]之稱），執行某種控制功能，並協助散播文化的理念、價
值觀和規範。

　　再以現代大學爲例。大學儼若企業一般，將知識、努力和
智力投入，轉換爲研究、新觀念和畢業生的產出。大學也扮演
重要的公共功能，透過研究、教導和諮詢來創造和散佈知識。
不過，大學對學生的管教常被批評不夠嚴格。

　　最後再以那些被稱爲「企業」的組織爲例。企業最爲人所
知的是它將投入轉換爲產出，不過它的統理活動（意即控制和
資源的重分配）和公共活動（意指歸屬感、社會化和解釋）也
同樣顯著。

經濟、政治和社會的意識型態

　　在不同的社會當中，企業、政府和公共機構的活動會隨著
下列事項而有所差異——投入如何轉換成產出；「遊戲規則」如
何制定與實施；歸屬感、社會化和解釋功能如何建立。機構活
動的這種變異性反映出兩個重要的根本因素：社會內部的意識
型態，以及核心技術與生態容量。我們在本節當中討論機構形

---

[*] 譯註：「第四階級」（fourth estate）是略帶輕蔑的稱謂，意指媒體是繼
神職人員、貴族、平民等三個階級之後而起的新興勢力。

式的意識型態基礎，技術和生態則留待下一節檢視。

　　意識型態被界定為各種社會價值觀的匯總，用以描述社會諸多重要面向的觀念或藍圖（Cavanagh, 1990）。在機構－意識型態模型中，每一個社會性的機構——企業、政府和公共機構——都是由一個相應的經濟、政治或社會意識型態所形塑。意識型態的類型及其解釋的活動範圍如圖2.2所示。

　　意識型態傾向與特殊的機構活動領域有直接關連。事實上，由於有「意識型態優位性」（primacy of ideology）的存在，使得機構活動必須在其所屬的意識型態基礎上加以詮釋和正當化。然而，附屬於其他社會性機構的意識型態也會影響到主要機構的型態和運作。因此，若要詮釋企業活動，首先就得憑藉經濟的意識型態，其次依靠政治和社會的意識型態。同樣的，

圖2.2　意識型態光譜

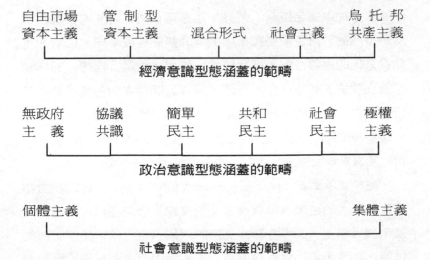

雖然政府活動主要是由政治意識型態加以解釋，公共活動主要是由社會意識型態解釋，但每個機構活動都會受到兩種間接相關的意識型態的影響。

經濟意識型態

人們認爲經濟意識型態是在解釋企業活動的理想狀態——思考企業應該如何組織起來。有趣的是，有關企業活動的這些觀念卻與經理人熟悉的企業概念（如生產力、就業、利潤、或商品和服務的分配）鮮有關連。經濟意識型態反而是以組織經濟活動爲導向的價值觀總合（這個觀念會在第七章詳細介紹），好讓社會本身可以實現特定的目標或可欲的狀態。

經濟意識型態光譜的兩端分別是純粹的資本主義和烏托邦共產主義，兩者對財產使用和市場機能的干預程度迥異，純粹資本主義的社群或政府不會介入，但烏托邦共產主義的社群（或政府）會加以完全控制；至於坐落在兩個端點之間的各種經濟意識型態對於財產使用和市場機能的控制程度不同。由於大型社會系統的複雜性與不穩定使然，所以這兩個「理想」的極端型態在歷史上並不存在。然而，兩端之間存在的各種意識型態確實存在，且對機構和組織造成不同的影響。我們接下來將簡介整個經濟意識型態，因爲透過「理想」極端型態的鮮明對比，可以更真實地反映出其間存在的各種經濟意識型態。

純粹資本主義（pure capitalism）的理念是：社會的物質需求應由私人的生產者與販售者（企業家）透過在自由市場上交換來獲得滿足，其中會影響交換的因素只有可欲物品或服務的供需，以及市場上買賣的價格。生產者與販售者試圖說服投資

者投資，以換取可預期的收益。資本被挹注到具有成長性的冒
險事業上，成功經營所得的利潤則分配給投資者（因其承擔投
資風險）和企業家（因其努力經營事業）。純粹資本主義的擁護
者認為，抽象而客觀的市場運作是確保功利主義哲學達成其目
標「為大多數人謀取最大福利」的最佳方式。諾貝爾獎得主經
濟學家費德曼（Milton Friedman, 1962）便抱持這種看法，他相
信資本主義是人類獲取自由的最佳途徑，不只是因為每位投資
人和企業家都是自由選擇是否要承擔投資風險和經營成敗，而
是客觀的市場力量不會被任何政府或社會意識型態所左右，因
而理念可以自由表達，而個人追求成功的過程也不會受限。

　　相反的，**烏托邦共產主義**（utopian communism）卻認為社
會的物質資源應根據人們的能力進行生產，並根據人們的需求
進行分配。烏托邦社會中沒有貧富之別，即使這般社會整體而
言較其他社會更富足或更窮困。在這樣的社會中，沒有人會蒙
受不公平待遇，且每個人都得對整體福祉做出貢獻。小型的共
產主義社群可以在集體共識的基礎上運作，大型的共產主義社
群則得運用一個較複雜的統理結構，將投入轉變為產出的經濟
功能，結合制定和實施社會控制與分配規則的統理功能。純粹
共產主義的哲學目標是「正義」──以公平分配社會利益與負
擔為目的。

　　坐落在兩個極端之間的各種意識型態，分別融合著資本主
義和共產主義的特質，以及結合了自由與正義的相關目標。管
制型資本主義（regulated capitalism）支持資本主義理想，但認
為政府有必要制定下列規則，以便進行干預：(1)使資本主義順
利運作的規則，譬如反托辣斯、對詐欺惡習的管制；以及(2)施

行社會非經濟性目標的規則，譬如機會均等和環境保護。社會
主義（socialism）支持共產主義的理想，並擁護中央計畫經濟（意
即政府控制大部分的生產和分配）。不過，社會主義意識型態也
同意大的經濟體系需要有小型私人企業來「填補空隙」。在管制
型資本主義與社會主義之間，存在各種混合形式的經濟意識型
態，程度不一的摻雜著資本主義強調的個人自由，以及共產主
義或社會主義強調的集體福祉和正義。

　　經濟意識型態兩端的另一項主要差異在於：企業機構與政
府機構是否分離。這兩個機構在純粹資本主義當中是分開的，
但在共產主義裡則是結合在一起。至於兩端之間各種型態的企
業與政府則出現不同程度的分離與重疊。這些經濟意識型態與
人們相信社會能否達成其可欲的個人自由與集體正義有關，這
代表著兩端之間其他的主要差異。

政治意識型態

　　政治意識型態是政府機構背後普遍存在的力量——關於社
會如何界定和實施社會控制與分配的規則。政治意識型態認為
真實的政府活動介於無政府主義（完全的個人自由）與極權主
義（個人行為被完全控制）之間。其主要問題，也就是與個人
的政治參與程度有關的問題是：由誰統治？統治的範圍多大？
程度多深？如同上述探討經濟意識型態所用的方法，我們將會
簡要分析兩端理想的政治意識型態，以及坐落在兩者之間各種
實存的意識型態。

　　面對「由誰統治」的基本問題，無政府主義（anarchy）回

答「沒有任何一個人有權在任何時間以任何方式進行統治」。真正的無政府主義者反對任何形式的政府組織，相信所有的政府都是高壓且腐敗的，並認為自由決策是最基本的人權。機構的統治功能——界定和施行社會控制及分配的規則——在個體之間的自由交易與協定中獲得實現。無政府主義者相信，沒有人有權在他人身上行使任何權力，也沒有一個組織或機構有權干涉個人做出自由決策。（我們在撰寫本章時，盧安達的人民正因無政府主義而受害，這並非意識型態使然，而是政權瓦解所致。）

相反的，極權主義（totalitarianism）指的是為了某種集體福祉而完全壓制個人自由的一種意識型態。根據極權主義運作的政府通常是由一位或一小群領袖當權，擁有絕對控制其他社會成員的力量。領袖的權力可能來自於宗教的、君主的、傳統的或軍事的權威，而社會成員通常相信領袖可以且能動用權力，這是領袖權力的支持基礎。由於領袖擁有絕對權力，可以恣意改變規則，所以極權主義政府的社會控制和分配政策可能是也可能不是穩定的和正義的。科幻小說對極權主義社會著墨頗多，許多人認為前共產主義國家就是極權主義國家。

在無政府和極權主義這兩個極端之間存在各種政治意識型態，對於究竟是個體還是集體掌握社會控制與分配的規則，每個意識型態的看法不同。協議共識（negotiated consensus）意識型態既支持無政府主義者對協議的強調，也加入集體決策的成份，也就是說，每個人都能試圖透過辯論和協商來影響他人，不過團體一旦做成決定，所有人都得遵循制定後的規則。在強調平等主義的極小型社會或孤立社會中，最有可能發現這種類型的政府，譬如某些宗教社群可能展現此種統理類型。

　　在簡單民主（simple democracy）制度中，每位公民可以透過投票方式，參與政府的所有議題。雖然此種制度設計已保障少數人的權利，但這畢竟是多數決的遊戲規則。這種形式的統理既費時又麻煩，無法在大型的現代社會中運作。共和民主（republic democracy）（或多元民主）是美國這類國家的特徵，人民選出民意代表替自己做決策。共和民主的擁護者相信，複雜的社會無法在簡單民主的基礎上運作，但是每位公民卻可透過選擇民意代表的方式執行其政治抉擇。至於許多歐洲國家實行的的社會民主（social democracy），則試圖均衡民意代表的的立法權與大型常設公民服務機關的規則制定與施行權利，以監督公共利益的各個面向能獲得兼顧。而科層體制（bureaucratic）意識型態則以日本爲代表，強調科層政府體系的延續性與穩定性，不關心政治領袖的命運，也鮮少重視公民參與。

社會意識型態

　　那些以滿足人們的歸屬感、社會化與詮釋功能的公共機構是由社會意識型態統理。從個人主義到集體主義，社會意識型態的光譜試圖解釋各種不同的公共機構活動型態。

　　個人主義（individualism）。卡瓦納（Cavanagh, 1990: 41）將個人主義界定爲「所有價值、權利和責任均源自於個體的一種觀點，而社群或社會整體若非由個體組成，則其價值或倫理意旨將不復存在。」個人主義社會意識型態認爲個體權利高於一切，比社群擁有更高的權利。

　　集體主義（collectivism）。社會意識型態光譜上的另一端是

集體主義，強調社會整體就是一切，認爲與較大社群分離的個體不具任何價值或意義。螞蟻聚落也許是純粹集體主義的最佳範例，但是人類社會似乎不可能出現這樣的社群。

所有人類社會都是建立在混合個體與集體價值的基礎上，譬如，雖然美國將個人主義視爲其核心社會價值，但許多機構和組織的形式與程序仍爲集體利益服務；日本文化較強調集體價值，個人權利、義務及行動則相對不受重視。然而，美國國內某些變遷力量以集體主義爲訴求，目標鎖定在加強社會福利、公平分配社會利益與責任、以及保護自然環境。另一方面，日本的變遷力量則帶有個人主義色彩，例如勞工開始抗議集體導向社會中經濟與情緒的生活成本過高。

意識型態與機構的互動

理想上，機構和意識型態是彼此相輔相成的。意識型態界定應然面的觀念，機構則在實然面執行意識型態標定的目標和預期的最終狀態。意識型態是觀念的集合，機構是試圖落實這些觀念的程序和結構。意識型態界定出想像的對象，機構則描繪其可行性。例如，一個以社會主義經濟意識型態爲本的社會，會對企業活動進行集中規劃，而實行簡單民主政治意識型態的社會，其政府機關會敦促人民做出決策。

然而就現實面來說，機構和意識型態卻不是完全一致，有時甚至會產生衝突。以美國爲例，自由市場的資本主義意識型態是經濟領域中的主流思潮，但是企業實際上卻是在一個管制的、甚至是混合式經濟狀態下運作。同樣的，美國公民認爲他

們的政治意識型態是簡單民主，但美國政府實際上卻是共和民主（有代議制的立法機構）與社會民主（有大型且穩定的科層機構）的綜合體。圖2.3說明企業、政府和公共機構與其相應的經濟、政治和社會意識型態之間主要和次要的互動情形。

技術核心與生態核心

　　自然環境和可用技術是任何社會體系的核心，自然環境（透過其資源和限制）和技術（透過人類所能取得的工具和程序）這兩者限定了人類活動的可能性。當生態與技術到達某種程度的互賴，那麼技術總能立基於自然環境中的物質條件，而技術的運用也能讓人類更具生產力，讓自然環境變得更好或更糟。我們先把焦點擺在自然環境，之後再討論社會中的技術核心。

圖2.3　機構與意識型態

意識型態

機構	經濟	政治	社會
企業	主要互動	支持	支持
政府	支持	主要互動	支持
公眾	支持	支持	主要互動

　　自然環境終究是企業（和大多數人類活動）使用物資的來源和支撐——包括所有的原料、能源、維生要素甚至是廢棄物處理場。

　　自然環境決定了社會上何種事物可以被實現，也決定了機構如何運作。資源的近便性（availability）是企業發展的基本要素，世界上某些地區擁有豐富的自然資源，有些地區則較爲短缺，有些根本是貧瘠之地。像西歐、蘇俄和北美等自然資源豐沛的地區，其經濟透過商業貿易和工業生產取得巨幅成長。至於自然資源較缺乏或難以取得資源的其他地區，則無法享受同等的經濟成長。

　　自然環境是人類共有的資產，因此不是任何控制經濟市場的法律和自利行動者所能宰制，即使有些國家試圖使用市場力量來控制污染排放或環境污染（如石油外溢），其成效仍然有限。因此，利害關係人之間利益的平衡、妥協和必要的政治手段，所以政治程序對自然環境議題來說特別重要。

　　技術包括可用以解決社會內部或跨社會問題並促成進步的工具，這些工具通常是指機械（硬體技術）和思維方式（軟體技術）。技術決定何者可在社會中實現。以撒哈拉沙漠周圍的國家爲例，這些國家信奉社會主義意識型態，強調公平的分配，他們需要有能力餵飽全國人民的經濟和政府，並生產可供出口的多餘農作物。然而，倘使這些國家的人民沒有增加農業生產力的知識，或者懂得知識卻欠缺工具，他們將無法在嚴苛的自然環境中達成其目標。再舉另一個例子，大多數人同意電腦代表一種可以大幅提升生產力的先進技術，但是很多人卻沒有利用電腦，因爲他們欠缺相關的電腦知識（軟體技術），或沒有意

願使用該工具。

　　技術限定了機構如何運作。以1992年美國大選為例，獨立候選人石油大亨斐洛（Ross Perot）建議，公共政策議題可以透過電腦化的「市政會議」（town hall meetings）解決，將議題上傳到電腦系統上，由民眾透過按鍵式的電話、互動式有線電視和電腦網路表達意見。這種建議如果在1972年的美國大選中提出，一定會引發大眾的側目和疑惑。然而，現行技術卻很容易實現斐洛的政見；理論上，此舉可以幫助美國政府採取比代議制更簡單的民主制度。柯林頓政府在1993年設立電子郵件信箱，數百萬名網路使用者和商業線上服務得以直接和白宮及及其決策者溝通和傳達意見。

　　由於使用者能夠方便取得技術，使技術對機構活動的影響愈來愈大。理論上，社會內部的所有機構同樣都能獲取技術，技術的運用範圍取決於機構的決策執行者。例如，企業、政府、教育機構和家庭在電腦的使用程度上有別，這是資源配置與選擇的問題，與電腦本身的近便性無關。再看另一個例子，高速磁浮火車的技術已不難取得，在法國已實施多年，當地的社會和政治意識型態支持政府執行這項大型科技計畫，人民也願意共同支持。然而到了美國，強調個人主義（私家轎車）的社會和政治意識型態便難以支持磁浮火車的興建。

　　意識型態與技術對社會機構活動的影響程度取決於其影響廣度。在某些社會脈絡下，意識型態可能會比技術帶來更強且深遠的影響。譬如在一個非常講究儀式的社會中，其意識型態會阻抑新思潮的引進和施行，致使技術的發展受挫。譬如在一個強調心靈成長和宗教教義的社會中，技術根本不重要，當然

也不會受到關注或投資。相反地，在一個以成長、進步和知識
爲基礎的社會，技術發展將能獲得大幅發展，就像電腦科技、
醫學療程和生物工程的發展一般。

在其他社會脈絡中，技術可能會主導意識型態，或迫使意
識型態轉變。舉例來說，在過去數十年間，部分科技較不發達
的社會已經取得現代工業和通信技術，這些技術改變了當地社
群和個人的生活，對於究竟什麼才是舒適生活的相關意識型態
也產生改變。再舉其他例證，有些人認爲蘇聯政權之所以會在
1980年代末期解體，主因是其無力嚇阻電訊浪潮的流入（如電
視、電話、電子郵件、傳真）。沒有任何一個集權主義能夠阻絕
人們取得電訊技術，並藉此獲得新觀念。

意識型態、機構和核心的互動

我們接著考察意識型態對於技術取得可能產生的影響，以
便進一步闡述意識型態與技術的相互作用。譬如沙烏地阿拉伯
政府基於保守的宗教意識型態，禁止阿拉伯婦女開車。這項禁
令限制婦女的移動性和人身自由，將其活動範圍侷限在住家附
近，出遠門只能仰賴公共交通工具或由男性開車接送。這種意
識型態的禁令不僅影響資源分配，也限制了某些社會成員能夠
便捷地使用技術。再以歐洲和南美部分天主教國家爲例，這些
國家禁止人民使用節育技術。我們可以再次看到，問題不是出
在資源是否方便取得，而是對社會成員價值觀與行爲的控制。
反觀美國維持政教分離的意識型態，鼓勵個人自由，追求以價
格爲本的市場，這意謂所有美國人民都能買到寬螢幕電視、彩

色電視、錄放影機、汽車電話、傳真機或個人電腦，不管他們
是不是真的需要、能不能買得起，也不管他們的社經地位爲何。

　　摘要。企業從事將投入轉換爲產出的工作，以滿足社會的
物質需求爲目的。但是在一個生態環境中，這種轉換工作如何
完成，就得仰仗意識型態與技術的功能。以中國大陸爲例，馬
克思主義的意識型態加上並不複雜的技術，使國營企業成爲常
見的企業型態，依國家設定的就業與生產目標（不是以利潤與
財富的極大化爲目標）進行企業管理，而地方性的需求則由小
型企業家企業負責。美國的情況則截然相反，講求多元、民主、
自由市場的意識型態鼓勵各種類型的企業組織，反對國營企業
的存在。

　　政府從事的是制定和實施「遊戲規則」的工作，但是這項
工作的完成也會涉及意識型態與技術的功能。舉例來說，在1991
年年底，沙烏地阿拉伯的保守宗教勢力以回歸傳統伊斯蘭教教
義爲名，要求沙國國營航空公司規定女性空服員必須戴面紗和
穿長裙。從此一事件可以看出，意識型態的考量凌駕了技術面
的需求──在飛機上走動頻繁的空服員需著輕便服裝。政府屈
從於保守宗教領袖的要求，回歸傳統伊斯蘭教教義。相較之下，
韋伯（Max Weber）的經典著作《基督新教倫理與資本主義精神》
指出，十九世紀末期以宗教爲基礎的政治意識型態如何與工業
技術攜手合作，創造和維繫歐美的資本主義經濟形態。

　　最後，公共機構從事的是實現社會成員對歸屬感、社會化
和解釋功能的需求，但是這些機構如何被創造、組織和維持，
還是得仰賴意識型態和技術的功能。舉例來說，美國的工會會
費是從員工薪資中扣除（雖然勞工有時並不同意），但是教會的

奉獻金就不是如此。但是就德國的情況來說，宗教活動和其他機構活動之間並沒有那麼明顯的意識型態分界，慈善奉獻金可以直接從薪水中扣除；至於對路德教會或羅馬天主教的奉獻則是義務性的，除非員工特別指明無此意願。再舉另一個例子，美國家庭的組成是靠成年人自身的抉擇，不過印度卻是由家長爲子女安排婚姻。再以教育爲例，教育在大多數國家被視爲是國家的重大利益，抱持不同意識型態的政府對教育機構的控制程度也不同，而技術也會影響教育的組織、內容和教學方法。沒有穩定電力供應的國家，其教育機構便無法使用錄放影機、電腦、投影機等設備。

機構、意識型態和社會議題

對國際經理人來說，機構－意識型態模型和社會議題之間的連結非常重要，它能幫助經理人瞭解社會議題如何在社會體系、社會機構和組織當中「流動」，以及它所產生的不同意義和結果。以污染問題爲例，基本的技術問題是人類製造出無法處理的廢棄物，這是物資使用之後的「副產品」。如果發展出不會產生污染的技術，或者廢棄物的處理方式能被人們普遍接受，污染問題就不會存在。由於投入轉換爲產出的過程中產出副產品，使企業活動造成的污染議題深受囑目。在污染被視爲社會問題之後，政府會採取各項活動試圖控制該問題，並根據新的社會價值評斷重新分配資源。例如，原本使用在社會福利的部分稅收可能改成環境清潔用途，太空研究經費也挪撥部分投入研究對環境造成最低傷害的產品。

　　當議題進入公共論辯的領域，每個機構都依恃其意識型態基礎做出反應，意即，機構的發言人會根據機構背後的意識型態發表言論。在西方資本主義社會中，公共領域的討論會出現如下對話：

● 企業：「我們對污染問題無能為力。製造無污染產品的成本太高，毫無利潤可言，叫我們如何在全球市場上競爭？」

● 大眾：「不管要花多少錢，你們要把自已製造的垃圾收拾乾淨。」

● 政府：「找個雙方都能夠接受的妥協方案吧！否則我們將制定規則，並要求所有人都得照著遊戲規則做。」

　　這種涇渭分明的立場，以及陷入僵局的行動，反應出自由企業的經濟意識型態、多元或代議式民主的政治意識型態、以及個人主義和個人責任的社會意識型態。

　　相反的，威權政府在理論上有權從根本面解決污染問題，或者漠視和壓制民意的抗議聲浪。非資本主義的企業組織能做的只是將污染控制經費納入經營成本；抱持宿命論的公共機構僅能聳聳肩說「隨他去吧」，完全不在乎污染問題是否會毀滅地球。這種威權論或宿命論的政府和公共機構存在於世界各地，所幸美國並不存在此種情況，因為意識型態對各機構有全面性的影響。

機構－意識型態模型與國際管理

　　機構－意識型態模型將SEPTE模型當成起點，透過檢視意識型態與技術的交互作用對機構活動的影響，藉此拓展該模型的社會、經濟和政治面向。這種探討社會組織的方法較為實際，因為它能反應社會機構真實的運作程序——跨越組織邊界、結合人們的信仰和觀念、並仰賴可取得的資源與技術。再者，機構－意識型態模型幫助我們瞭解，每個機構的運作都會受到與其直接相關的意識型態的影響，也會間接受到其他意識型態的影響。最後，將技術與生態擺置在模型的核心，表示社會可取得的工具將限制社會如何執行其必要的功能。除此之外，社會的技術狀態和生態基礎會告訴我們什麼東西將成為社會議題，以及瞭解和處理社會議題與問題的可能性何在。

　　專欄2.1以機構－意識型態模型為基礎，為有意拓展國際事業版圖的經理人提列一份核對清單。這份清單結合結構、功能、當地的技術、意識型態和機構面向、以及企業本身的適用性。當然，這份明細表並非為應急的決策所設，但如果企業的目標是在企業和國家之間取得有意義的融合，並減少社會、政治、生態及經濟、技術問題的話，機構－意識型態模型核對表就能派上用場。

專欄2.1　機構－意識型態模型核對清單

(1)　技術面向

　　軟體技術的核心是什麼？

　　國家的教育／識字程度與其技術知識為何？

　　人們透過什麼樣的方式學習——科學、魔術、信仰、正式教育、長者教導、同儕社會化、共識決策、暴力？

人們認為什麼事物可以學習？

新知識的形成有何支持基礎？相關研究如何支持新知識的形成？

硬體技術的核心是什麼？

機械、設備、製造能力等技術發展到達何種程度？

國內是否有本公司所需硬體技術的供應者？

國家的主要能源供應源為何？

國家的基礎設施能否支持本公司發展所需技術？

投資

取得想要的軟體技術或硬體技術需要什麼樣的投資？

本公司的技術需求如何配合既有的軟硬體技術？

本公司需要什麼，自我的定位為何？

(2)　**生態面向**

自然資源的基礎為何？

生態系統的面貌為何？瀕臨滅種生物的現況？

生態系統的健康狀態如何？對人類的健康、動植物的生活有何影響？

環境污染的現況？

運輸、通訊、人口分佈和廢棄物處置的狀況？

(3)　**意識型態面向**

經濟意識型態

主流民意如何看待企業的角色與地位？

對企業的期待為何？

人們如何看待個人財產？

自由企業與社會主義思想融合的現況？

人們是否接受壟斷？競爭市場是否有利於壟斷？

人們認為雇主、勞工、經理人、顧客和社區應該擁有什麼樣的權利？

該國的經濟意識型態是否和本公司的企業文化一致？

政治意識型態

主流民意如何看待政府的角色與地位？

人民對政府有何期待？

什麼樣的事情可以透過政府進行政治運作？

人民接受哪一種形態的政府，官僚政治、民主或極權形態？

該國的政治意識型態是否和本公司的企業文化一致？

社會意識型態

主流民意如何看待公共機構的角色與地位？

人民對公共機構有何期待？

公共機構成員的自願投入程度？

該國的社會意識型態是否和本公司的企業文化一致？

意識型態之間互動

國家的經濟、政治和社會意識型態之間的關係？

其間的不一致或衝突是否會為企業帶來麻煩？

(4)　機構面向

企業機構

該國的企業結構為何？

企業組織的規模大小？

所有權結構為何——公司、所有人、政府、合作社？

是集權還是分權？

企業的整體功能如何：(a)外部－製造vs.服務，以及(b)內部－生產、行銷、財務、會計、人事、對外關係？

國內的競爭情勢——壟斷、寡頭壟斷、部分競爭或完全競爭？

國家能否吸引跨國或全球企業的投資？或者只能吸引地區性的或本地廠商？

企業決策有何限制？誰定的限制？

公司有沒有好的人才與計畫可以和當地企業機構交涉？

人們是否期待企業組織執行類似政府和公共機構的機能？

政府機構

政府組織的規模大小？

是否存在不同層次的政府組織（如地方、地區、州、國）？

政府權力基礎何在——軍事、選舉、部落、君主、共識？

政府如何行使社會控制的功能？

規則如何建立、制定和改變？

行政、立法和司法的決策如何形成？

政府在社會資源重分配事務上扮演什麼角色？

有沒有保障私人財產的法律措施？

公司有沒有好的人才與計畫可以和當地政府機構交涉？

人們是否期待政府組織執行類似企業和公共機構的機能？

公共機構

公共機構有幾種類型——家庭、教育、宗教、媒體、志工團體？

兩性、種族或民族的少數團體在公共機構中扮演何種角色？

公共機構的規模大小？

社會期望公共機構如何扮演其角色？

有無法律或其他保障公共機構的措施？

公共機構中的成員自願投入程度？

公司有沒有好的人才與計畫可以和當地公共機構交涉？

人們是否期待公共機構執行類似政府和企業活動的機能？

各類機構之間的互動

當地的企業、政府和公共機構之間的關係為何？

當地是否存在會為公司帶來麻煩的矛盾或衝突？

結論：在了解各式各樣的技術、生態和機構狀態後，打算在該國經商的公司是否已經準備就緒？

結論

　　閱讀本書的學生和多國籍企業經理人必須敞開心胸迎向國際。面對複雜的國際企業環境，輕忽者或視野狹隘的人終究會將自己推向險境。

　　經理人必須謹慎地檢視社會的各個面向，以及各面向之間彼此的互動。機構－意識型態模型是整理和瞭解國際複雜性的一項機制，意識型態、機構、技術和生態系統決定了現代社會的結構和程序。

參考書目

Cavanagh, Gerald F. 1990. *American Business Values*. 3rd edition. Englewood Cliffs, NJ: Prentice-Hall.

"Finance Watch." 1995. *Business Latin America* 30:11 (March 20): 7.

Friedman, Milton. 1962. *Capitalism and Freedom*. Chicago: University of Chicago Press.

Ryser, Jeffery. 1995. "Brazil, si! Mexico, no!" *Global Finance* 9:2, pp. 42-7.

Weber, Max. 1958. *The Protestant Ethic and the Spirit of Capitalism*. Translated by Talcott Parsons. New York: Charles Scribner's Sons.

Wilson, Ian H. 1977. "Socio-political forecasting : A new dimension to strategic planning." Pp. 159-69 in Archie B. Carroll (ed.), *Managing Corporate Social Responsibility*. Boston: Little, Brown.

Wood, Donna J. 1994. *Business and Society*, 2nd edition. New York: Harper Collins.

第三章

管理跨國的政商關係

美國前總統喬治布希於1992年卸任之前，與聯合國其他會員國領袖共同協議，派遣軍隊協助聯合國救援組織前往索馬利亞，提供糧食給當地飢民。索馬利亞政府已經瓦解，國家是由交戰中的各個派系「治理」。由於救援物資可能被暴力集團霸佔，導致飢荒災情不斷、社會陷入混亂，聯合國於是派軍進駐索馬利亞對抗暴力組織，確保救濟物資確實送達災民手中。

聯合國在索馬利亞的行動顯示，政商關係在未來仍是企業與社會互動的重要面向。假如人們接受聯合國這類超國家組織有權處理國家內部的衝突問題，假如世界各國都接受聯合國有權調動工業化國家的軍隊，假如聯合國成為多國籍政府組織，這種局勢的出現對多國籍企業和國際政商關係究竟有何意涵？本章試圖在全球企業的脈絡下，概述政商關係的各種角色。

民族國家的重要性

「政商關係」（business-government relations）一詞該如何界定？下列說法可供參考：

根據研究顯示，政商關係的三項要素都已概念化。在美國

不太重要的企業形態可能是其他文化當中的重要企業形
式，譬如，面對具備相同經濟目的的美國大型私人銀行和
同樣規模的魁北克信用合作社，我們該在什麼程度上將其
視為同等的研究單位？政府概念的界定也是另一個焦點，
譬如由私人團體（大部份是工會和雇主組成的協會）組織
運作的歐洲新統合主義結構在什麼情況下可被視為政府的
一部分？義大利或非洲某些私人化（personalized）的國家
（Balducci, 1987）在什麼情況下可以在概念上等同於西方
傳統上不具人格的科層制國家？在政商關係問題上，同樣
棘手的問題是各文化如何劃分國家與私有權之間的界限。
什麼是政府？什麼是企業？二者是身兼雇主與經理人角色
的經濟組織，同時也是內部資源交換的當事者，兩者間又
該維持什麼樣的關係？（Pasquero and Wood, 1992）

　　第二章曾為政府下了一個定義：「以建構社會為目標的持續
性組織活動，主要的活動內容是界定和實施應用在每個人身上
的『遊戲規則』，並合法化某些特定的例外情況。」企業被界定
為「將投入轉變成產出的持續性活動，該活動供應社會物質需
求。」企業作為一種活動，似乎已經存在相當長的一段時間，
不過從十六世紀開始，政府組織的多種形式（如君主制、民主
制、議會政治、軍事統制、極權主義）透過民族國家的運作，
已成為歐洲、北美和亞洲社會的常態。事實上，很多人認為「社
會」一詞等同於民族國家。
　　雖然美國企業似乎常把政府活動視為不具價值，甚至是有
害的，但是對企業來說，民族國家的政府卻具有一些不可替代
的功能，而且大多數民族國家都能接受政府扮演的角色。就連

自由市場資本主義最硬頸的擁護者也承認政府對企業的重要性。譬如，傅利曼（Milton Friedman, 1962）指出，對企業來說，政府具有四項必要功能：

(1) 作為規則的制定者與執行者；
(2) 有權提供通用貨幣；
(3) 控制獨占勢力產生的負面影響；以及
(4) 照顧無法正當參與體系的社會成員（例如「瘋子」和兒童）。

　　大多數國家都接受政府在政商關係中扮演重要角色。譬如日本政府的重要工作之一是協調重要產業在國內外的運作，以及支持日本多國籍企業以造福國內經濟；許多歐洲國家的人民期待政府提供社會福利，並以本國多國籍企業的利益為出發點來處理國際事務；美國的情況則獨樹一格，抱時反對政府介入企業事務的意識型態。

　　從企業的觀點來看，政府提供企業組織運作所需的環境。雖然政府對企業活動的干預一直引發爭議，不過這些干預的正當性卻普遍被接受。事實上，在政府瓦解（如索馬利亞、南非、前南斯拉夫等例）之後，企業和其他許多社會組織一樣，都祈盼一個可以提供穩定環境的新政權出現。

　　此外，政府也是企業的*客戶*（合約、貨品供應）、企業的*財源*（經費補助、合作研發）、企業的*推手*（貿易政策）和企業的*保護者*（關稅、配額、管制）。再者，即便在美國這類自由市場導向的國家，仍然可以發現政府扮演類似*業主*的角色（例如管理水源及發電廠的田納西河流域管理局，或美國太空總署）。在

許多國家當中，政府本身還經營民生必需的服務業，如公用事業、電信事業，甚至是礦業和部分重工業（參考McCrAw, 1984）。

　　對企業而言，政府扮演的角色著實重要，不能被輕忽或去除。在政府活動創造的環境內，企業組織將投入轉換為產出，以滿足社會的物質需求。因而，不論研究對象是單一國家或是國際範疇，政商關係都是企業和社會分析的核心焦點。

政商關係的主要面向

　　第二章曾提及，任何政商關係都建立在社會所能接受的經濟意識型態和政治意識型態基礎上。一個社會的經濟意識型態偏向資本主義還是烏托邦社會主義？政治意識型態偏向無政府主義還是極權主義？這些問題的答案足以說明一個社會的政商關係，因為這些答案必須考量各種政商關係變數的不同組合。

　　例如，社會的技術和生態因素會對政商關係產生深遠影響。技術發展有限或缺乏自然資源的國家為了促進經濟成長，必須從事貿易並吸引外資，於是政府就得制定、協商貿易導向和投資導向的政策與多國協定。此外，政商關係也會敦促經理人轉移注意焦點，從關注意識型態、技術與生態等廣泛問題，轉移到更特定的公共政策範疇。

　　同樣的，如果不考慮意識型態，企業與政府這兩個機構彼此的合作程度，以及公私部門決策者的自利程度，將會部分決定了社會內部以及跨社會的政商關係。圖3.1從合作（集體的動機）和自利（個體主義的動機）的觀點，說明一個社會的政商關係趨向。上圖說明這兩個變數的互動如何決定社會內部的管

圖3.1　政商關係：動機與互動

社會內部

決策者動機

決策者互動	自利	他利
合作	工業管制	基礎設施管制
敵對	經濟管制	社會管制

跨社會

決策者動機

決策者互動	自利	他利
合作	交易和整合妥協	經濟援助
敵對	貿易的限制和管制	治外法權的管制

制活動範圍，下圖則說明這兩個變數組合展現的跨社會影響力。每一種組合可能存在於某個特定的意識型態領域內，譬如純粹資本主義結合簡單民主，或協議共識結合烏托邦共產主義，這些結合並沒有意識型態上的限制。上述這種類型旨在描述而非預測公共政策領域中的一般趨勢，關注的對象是政商關係。

　　圖3.1引出一個有趣的現象：與其他各國相較，美國的政商關係本質上較為敵對。企業史學家麥克勞（Thomas McCraw, 1984）認為，美國的政商關係比其他社會更具敵對意識，因為大企業的發展經常領先政府的步調，這種順序在大多數其他現代社會中經常是倒反的。因此，美國政府的許多政策是對企業實務的反應，兩者不是合作互動的關係，而是彼此相互抗衡。

　　另一組變數的結合——公共政策發展過程中的多元化程度，以及主流的公共政策程序類型（例如視情況稍做調整的漸

進主義（incrementalist）vs.理性計畫）──也有助於說明政商互
動，這兩個變數的結合主要和社會大眾對公共政策程序執行成
果的看法有關，並有助於解釋日本或瑞典的公共政策程序為何
看起來會比美國或英國更井然有序（見圖3.2）。

　　至於產業政策的接受度則是多元化程度和公共政策程序類
型結合的有趣延伸。再以美國為例，從產業政策的接受度來看，
美國似乎是個極端的個案，因為世界其他國家都認為政府得扮
演適當的角色，選擇特定部門，提供補助與誘因來協助企業發
展。佛格（David Vogel, 1987）認為，美國排拒產業政策的這類
說法言過其實，因為數十年來美國已推行過多項農業、房地產
和航太政策。然而，縱使美國在1930年代大蕭條時期和第二次
大戰期間曾執行某些計畫，但長期以來反對產業政策卻是不爭
的事實，這可能是美國公共政策兼具漸進主義與多元特質有關。

　　最後一組可以區別政商互動關係的變數是「公共利益」與
遊說技巧。「公共利益」概念究竟是較注重把利益團體的反對極
小化（使各種自利的結合極大化），還是較重視社會整體利益

圖3.2　政商關係：多元主義和公共政策類型

公共政策	多元化程度	
發展類型	同質性	多元性
漸進主義	邏輯的、秩序的、漸進的	片斷的、混亂的、模糊的
理性計畫	目的性的、一致的、未來導向的	爭議、理想的、「強制的」

（societal good）的集體共識？遊說（lobbying）關注的是協助決策者做出理性決策的資訊，或是透過錢財和政治上的好處，來收買或促進所欲的決策？這些問題的答案有助於瞭解透過公共政策程序可以形塑出什麼樣的政商關係。

　　媒體在報導和詮釋公共政策時扮演的重要角色，便是援用「公共利益」概念與遊說技巧兩變數的組合邏輯（見圖3.3）。當媒體利用電訊科技的優勢實現全球化（如CNN），「媒體欽定的」的世界大事便成為個人知識與理解的基石，企業就不能輕忽國際媒體的影響力。譬如日本首相在1993年發表的聲明，被美國媒體解讀為日本政府譴責美國勞工怠惰。事實上，這項聲明是在批評日本勞工（不是美國勞工）日漸怠惰，而且只是擺在影響歐洲、加拿大、美國勞工的全球現象脈絡中談。因此，想要瞭解國際政商關係的企業經理人，必須正視媒體在選擇和解釋世界事件上具有的影響力。

　　還有許多其他變數可用來解釋公共政策和國際政商關係，不過前述這六項變數（合作程度、決策者自利的程度、多元程度、公共政策發展類型、對「公共利益」的界定以及遊說技巧的影響）已提供足夠的背景和架構，讓我們瞭解單一社會或跨社會的公共政策與政商關係。因此，在進行跨國層次的分析時，

圖3.3　政商關係：遊說和「公共利益」

「公共利益」概念	遊說焦點	
	資訊	財務
滿足利益團體	地域性結果	財政結果
廣大的社會利益	多國籍性結果	菁英主義結果

討論重點就可以轉移到其他政商關係實體。

其他國際性的政商關係

大多數多國籍企業都擅於處理政商關係。「政治風險評估」
領域主要是在測定和比較各社會內部及各社會之間的政治穩定
程度，評估公共政策改變的可能性，以及分析政府行動對投資
環境的影響。學者發展出多項評估技術，包括個案研究、腳本
建立（scenario building）、交互影響分析（cross-impact analyses）、
特耳菲（Delphi）技術、Bayesian預測、事件研究、模擬和內容
分析（見Rogers, 1983）。

從近幾年發生的事件可以看出，對企業和社會的互動感興
趣的人，必須更關注跨社會的政商關係。諸如歐盟的整合、北
美自由貿易協定（NAFTA）的創立、東歐共產國家的解體、東
西德統一，而關稅暨貿易總協定（GATT）和世界衛生組織
（WHO）這類聯合國機構也彰顯跨社會政商關係的重要性。

經濟整合

在完全的自由市場中，產品（即貨品和服務）的移動或資
源與生產要素（即勞力、資本、自然資源和資訊）的移轉完全
不受限制。政府若要保護國內的進出口市場，便會對產品或生
產要素設限；相反的，假使無意削除對產品和生產要素的移動
限制，國與國之間的各種經濟整合形式勢必得極小化。限制程
度由高到低的整合形式分別是自由貿易區、關稅同盟、共同市

場和經濟體（見表3.1）。

　　自由貿易區（free trade areas）允許自由貿易協定會員國的商品得以自由跨國流動，不過會員國仍保有對外課稅的權力。以北美自由貿易協定為例，墨西哥的商品可以在不受關稅限制的前題下進入美國或加拿大；同樣地，美國的商品也可以進入墨西哥或加拿大，無須課徵關稅。

　　關稅同盟（customs unions）允許產品得以在會員國之間自由流通，各會員國會制定共同的關稅稅率。因此，假設美國與墨西哥成立關稅同盟，雙方的產品可以自由進出雙方國境，至於進口到關稅同盟會員國的所有商品則會被課徵同一關稅。

　　共同市場（common market）不只允許產品自由流動，就連生產要素的流動也不受限制。所以，如果美國、加拿大和墨西哥組成北美共同市場，屆時勞力、資本、資訊與產品都可以在獲利的考量下，自由地在這三地互通有無。某些研究北美自由貿易協定的分析師堅信，由於美國、加拿大和墨西哥的企業不

表3.1　經濟整合類型

	自由貿易區	關稅同盟	共同市場	經濟體
取消會員國之間的商品貿易關稅	有	有	有	有
對進口到會員國的商品課程共同關稅	無	有	有	有
取消生產要素移動的限制	無	無	有	有
會員國間經濟政策一致化	無	無	無	有

資料來源：摘錄自Daniels And Radebaugh, 1989

斷在三地移轉生產、貨品與就業機會，所以這個地區將來勢必
形成共同市場。

　　經濟體（economic unions）──也就是歐洲目前刻正經歷的
過程──試圖超越共同市場，追求各項經濟要素的「一致化」，
諸如政府管制、貨幣制度、財產權、通貨膨脹、成長率、失業
率，甚至社會計畫和軍事組織這類政府活動也都納入整合之列。

　　上述這些整合模式均為理論類屬，現實的整合很難如此條
理分明。以歐洲的整合為例，貨幣統一的路程困難重重，其難
度遠超乎所有分析師的預測。英鎊、德國馬克、法郎和其他歐
盟國家的貨幣已深深鑲嵌在各自國家的文化與價值裡，導致歐
洲共同貨幣「歐元」難以被普遍接受。

　　在一個由民族國家支配的世界裡，很難想像這些經濟整合
形式會遭遇多少問題。專欄3.1概述歐洲在第二次大戰之後從烽
火戰地轉變成「無國界歐洲」的歷程。

　　有強烈的動機，才能創造各種形式的經濟整合。試想，在
根深蒂固的歷史仇恨上，歐洲各國試圖整合形成歐盟的構想一
度被視為空談。但是，歐洲各國卻在整合路途上戮力以赴，整
合成功的結果，造就了全球最大的消費市場[1]。以德國為例，拜
整合之賜，1989年德國「國內」製造市場的國民生產毛額，從1.5
兆馬克躍升到7.4兆馬克（以現今德國匯率計算），相當於由9,290
億美元增加到1.5兆美元。當今經濟交易成本降低的趨勢不應被
低估，特別是在面對日益互賴的全球商業體系時，這種趨勢似
乎會凌駕歷史、社會和政治的差異。

─────────────────

[1] 譯註：歐洲共同貨幣──歐元（EURO）於1999年元月一日正式發行。

專欄3.1 歐盟的演變

1944 荷蘭、比利時和盧森堡三國創立荷比盧關稅同盟。

1952 荷比盧與義大利、法國和西德組成歐洲煤鋼共同體
（ECSC），是一項僅針對煤碳與鋼鐵簽訂的自由貿易協
定。

1957 歐洲煤鋼共同體成員國簽署羅馬條約（Treaty of Rome），
創立歐洲經濟共同體（EEC，為一共同市場）和歐洲原子
能共同體（Euratom）。

1959 英國與丹麥、挪威、瑞士、葡萄牙、奧地利和瑞典組成歐
洲自由貿易聯盟（EFTA）。

1961 芬蘭加入歐洲自由貿易聯盟。
英國希望加入歐洲經濟共同體，但法國在1963年因為農業
政策的考量，否決英國的入會申請。

1962 歐洲經濟共同體採納「共同農業政策」(Common Agri-
cultural Policy)。

1967 1965年簽訂的布魯塞爾條約（Brussels Treaty）將歐洲經
濟共同體、歐洲煤鋼共同體和歐洲原子能共同體合併成為
入歐洲共同體委員會（the EC）。歐洲共同體包括委員會、
評議會、議會和法院體系。
英國再度申請加入歐體，但又遭到法國否決。

1970 冰島加入歐洲自由貿易聯盟。

1973 丹麥和英國退出歐洲自由貿易聯盟，和冰島一同加入歐
體。
挪威在人民反對的聲浪下獲准進入歐洲自由貿易聯盟。

1979 為減少資金流動的限制，歐洲貨幣體系（EMS）誕生；歐
洲貨幣體系由歐洲通貨單位（ECU）、信貸措施、匯兌協

定和匯率穩定計畫等組成。

英國拒絕加入歐洲貨幣體系。

1981 希臘加入歐體，但拒絕參與歐洲貨幣體系。

1986 葡萄牙和西班牙加入歐體。

歐體通過單一歐洲法案（Single European Treaty），決定在1992年全面施行1957年羅馬條約中的各項規定。

1992 歐體繼續邁向全面整合，但是丹麥在六月份公投反對馬斯垂克條約中有關貨幣統一的條文，延遲統一貨幣的進程。

1993 歐體的協商國擴大加入奧地利、瑞典、芬蘭和挪威；歐體領袖對波蘭、匈牙利、捷克、斯洛伐克、羅馬尼亞和保加利亞可能的入會申請設立嚴格標準。

五月時，丹麥二次公投的結果，同意接受馬斯垂克條約，而德國聯邦法院也確認馬斯垂克條約與德國憲法相容，消除丹麥稍早拒絕入會對貨幣統一時程造成的耽擱。

關稅暨貿易總協定烏拉圭回合談判簽署協議，將於1995年七月實施。

1994 歐體正式轉變為歐洲聯盟（EU）。儘管某些重要命令尚未獲得財長會議同意，但是單一市場的計畫近幾完成。歐盟要求各國造幣部門討論鑄幣問題，紙幣在一年內即可供應各會員國流通，但是輔幣鑄造卻需費時5-7年，缺乏硬幣找換有礙紙鈔的流通。

資料來源：節錄自Wright(1992)一書提供的年表，新資料部分則引用*Business Europe,* various issues, 1993-4。

　　若要說明歐盟在邁向整合之路遭遇的困難，不妨可以檢視其所追求的所謂「一致化」要素，比如失業率、通貨膨脹率及

賦稅政策等等。譬如，歐盟所有會員國都課徵可以帶來可觀收益的增值稅（value added tax），倘若各國之間缺乏一致化的措施，那麼，在增值稅較低國家設立的企業顯然比那些在增值稅較高國家設立的企業更具優勢。因此，歐盟必須規範增值稅的合理範圍，以減少各國面臨不均衡的競爭優勢。

　　再以歐盟各會員國最近針對競爭力和社會安全網計畫的爭論為例，下述引文可以突顯其中的衝突與爭議：

> 當丹麥反對仿效「美國模式」，以免為社會帶來「社會問題、犯罪和失望」時，英國正給予歐體「荒唐的」嚴苛勞工政策當頭棒喝。當德國總理柯爾（Helmut Kohl）提倡市場開放和延長工時，法國總統密特朗（François Mitterand）正為亞洲等地低成本製造商造成的所謂「不公平競爭」震怒，他強調統一的歐盟必須在世界貿易談判上正面迎擊美國。（*Wall Street Journal*, 6.22.93: A12.）

　　各會員國領袖不僅確認與競爭力有關的各項議題，同時也提出解決之道。但是，在相關議題和可行的解決方案「取得交集」之前，歐體的競爭力和社會安全網計畫將無從產生。

　　與各種整合形式有關的其他政策事務也被陸續提出，但重點仍在於：國家之間的整合改變了國際政商關係互動的脈絡和架構。簡言之，我們應仔細檢視管理者如何處理刻正發生的變化，不過首先得考量跨社會的其他政商關係類型。

國際性的政商機構

　　當西歐國家透過經濟整合而串連在一起，東歐國家卻因政
治解體而分崩離析。當蘇聯解體，經濟互助委員會（COMECON，
即東歐國家組成的共同市場）這類組織相繼式微，東歐國家開
始重建其政府體制，逐漸轉向支持市場經濟，使許多企業發現
新的發展契機。此時可能形成的新政經體系將在第十章討論，
而政商情勢的改變顯然是其中的焦點。東歐新形成的政商關係
如何透過條約、國內改革甚至是新經濟整合而呈現新貌，成為
經理人必須正視的不確定因素。

　　關稅暨貿易總協定和世界衛生組織等國際組織的行動，也
是影響東歐國家（以及其他經歷政商關係變化的國家）政商關
係發展的因素。這兩個組織都是聯合國在1940年代設立的特別
組織，關稅暨貿易總協定的宗旨是降低關稅和其他的貿易障礙，
世界衛生組織的焦點則擺在全球的健康問題。

　　為了說明這些組織在未來國際政商關係扮演的重要角色，
我們得回顧關貿總協烏拉圭回合談判中討論的主要議題——以
貿易限制手段達成環境管制的目標。各國對於環保的要求不同，
譬如美國的環保法令制定嚴格的汽車排放廢氣標準，符合標準
的進口車才能進口，此舉落實了關貿總協的關懷。此外，由於
進出口有毒廢棄物和產品經常引發爭議，為了減少環境損害和
災難，不同的環境管制措施應運而生。

　　一個由多國籍企業領袖組成的研究小組，結合國際環境專
家，在1984年針對全球環境問題的處理提出建言，其中對開發
中國家的建議包括：

● 執行明確且可預期的環境管制。

● 環保績效得視環境目標達成與否，而不只是用相關法令規
範製程或技術。

● 要求環保部門在和計畫、財政和發展等部會交涉時堅守立
場。

● 改善環境管制的施行方式，多國籍公司和國內企業一律平
等，避免當地企業破壞環境。

● 取消不利於環保的貿易障礙和國內經濟政策，比如調整水
資源和能源的低價政策，或是解除對污染防制設備的進口
限制。（"Multinationals," 1984: 25）

這張「建議清單」條列的數項原則顯然承繼自西方社會嚴
格的環保標準。但是對開發中國家來說，遵循這些標準可能意
謂喪失某些生產上的競爭優勢，或者可說成失去「自主權」。所
以，即使非政府組織彼此合作，如果沒有政府「公權力」的配
合，他們還是可能一事無成。在討論國際性組織試圖多方管制
國內危險化學禁品出口時，卡姆巴赫（Kalmbach, 1987: 835-6）
指出，所有這類管制皆因缺乏執行而成效不彰：「政權存在的本
質是它得援用國際法和國內法的規定進行強制執行的能力。欠
缺強制手段將使計畫和制度形同具文，開發中國家的遠大計劃
也不過是腦海中一閃即逝的想法而已」。簡單來說，不考慮國際
政商關係的環境政策不具任何意義。

1970和1980年代廣受議論的嬰兒奶粉配方問題突顯世界衛
生組織的重要性。當時，雀巢、亞柏實驗室（Abbot Labs）等大
型多國籍企業在開發中國家銷售的嬰兒奶粉配方引發與健康、
衛生、經銷和認知有關的倫理爭議，許多國家試著祭出公共政

策來對抗，但還是解決不了問題。一直到具有超國家權威的世界衛生組織創立，問題才逐漸迎刃而解。透過世界衛生組織的努力，全球才發展出處理嬰兒奶粉配方行銷的共同章程。該問題的處理方式與先前提及的污染問題如出一轍，最後是由聯合國的專責機構擔負起「跨國政府」的角色，才能解決這類健康問題。世界衛生組織在1997年將「兩千年全民健康（Health for All by the Year 2000）」視為組織的優先目標，由此可知，在探討國際政商關係時，我們得考量另一個重要的機構面向。

管理變動中的國際政商關係

由於國際政商關係的程序和結構不斷改變，企業經理人必須學習如何處理這些實體在未來出現的不確定性。認為政商關係互動狀況經年不變的經理人，將會失去警覺心，且可能成為變遷的受害者。國際企業經理人究竟如何處理政商關係變化造成的不確定性呢？

事後反應、事前反應和交互反應

首先，我們可以援用波斯特（James E. Post, 1976）提出的三種反應概念：事後反應、事前反應和互動式反應。面對變動的政商關係，可以採取事後反應（reaction）──等待變化的發生，然後才去適應它。組織的作業和策略也是一樣，待新的事態明朗之後，才進行改變以適應該情勢。採取事後反應可以將誤判變遷所浪費的成本降到最低，但由於它是個被動的選擇，

使組織易受制於他人。

相反的，**事前反應**（proactive）則試圖改變政商關係中即將發生的變化，避免組織運作和策略受到影響。「事前反應」一詞在本文中的意義不同於該字在其他研究領域中的意義（例如，策略管理使用"proactive"一詞僅指涉預期之意），波斯特認為，事前反應迥異於事後反應。選擇事前反應意指企業組織必須更積極地介入變動中的政商關係，但是除非組織可以產生有效的影響並中止變化的發生，否則可能付出高昂的代價。

互動式反應（interactive）則介於事前反應與事後反應之間，這種反應方式係透過診斷可能引發政商關係改變的潛在問題，而後找尋解決問題的方法。互動式反應也需要組織採取主動作為，不過改變組織運作和策略的潛在損失可能就得從更有效的政商關係中取得的獲益來彌補。

多國籍企業的決策者如何在商場上應用事後反應、事前反應和互動式反應？我們以下述事例做說明：

長久以來，恐怖分子攻擊倫敦造成的損失都是由私人保險給付，但是從1992年開始，保險公司決定不再理賠恐怖攻擊對商業和財產造成的損失，英國政府遂設立一共同保險基金（Pool Re），鼓勵企業加入由政府擔保的共同保險。但是，倫敦市內的炸彈攻擊事件幾乎耗盡所有的保險金，英國政府不得不將保費調高300%，此舉激怒了參與共同保險基金的企業，經濟學人雜誌也認為英國政府同樣也會放棄這項計畫，因為沒有幾家公司負擔得起如此高昂的保費，而政府也不會再理賠任何損失。（*Economist*, June 12, 1993 p. 91.）

　　倫敦市內的企業決策者該採取何種反應方式來面對這種局勢？他們可以採取事後反應方式，靜待政府擬定政策，而後才加以反應。倘使倫敦仍是企業營運最好的地點，即使保費提高300%，企業也只好接受，於是保險成本增加300%。有些經理人可能因為保費增加而選擇離開倫敦，但是原來的保費成本卻可能被其他成本取代。不管經理人是否選擇離開倫敦，他們都是先看政府的決定，再調整公司的運作和政策以因應變化，這就是事後反應方法。

　　面對同樣的情勢，採用事前反應方式的經理人會採取行動維持既有的保費成本結構，但是會改變對問題的界定。如同上述說明末尾所指出的，有一種情況可能會發生：採用事前反應的經理人將該議題視為是政府的問題與責任，藉此將財務負擔轉嫁給對方。如果這個方法可行，企業就不會受到影響，因為議題已被重新界定，企業的成本和責任因而降低。

　　至於採取互動式反應的經理人面臨的主要問題則是：如何減少恐怖份子在倫敦與英國各地的炸彈攻擊行動。企業有沒有辦法增加安全措施，特別是與政府合作，減少炸彈的威脅？除了此種積極的回應之外，保險體系內部是否有其他方法可讓社會成員共同分攤風險？如果沒有類似機制，那麼是否有事後的替代方案可以彌補企業的損失，讓企業在受到攻擊後仍能正常運作？採取互動式反應的經理人相信，企業必須進行改變，發展出互動型的解決方案，以便降低或消除潛在的問題。

　　美國企業對於1977年海外行賄法（Foreign Corrupt Practices Act, FCPA）的反應，則是另一個回應政商關係改變的例證。海外行賄法自從通過之後就爭議不斷，它要求企業必須將每一筆

支付給外國官員的獻金紀錄下來，但是該法對合法與非法的分際界定並不明確。譬如海外行賄法雖然容許支付官方獻金，但是到底金額到多大才構成非法賄賂，該法並無明確界定。

不過，海外行賄法的適宜性問題遠比「賄賂」的界定更嚴重。對國際企業經理人來說，語言問題和文化差異使得賄賂問題更難以處理。法迪曼（Fadiman, 1986: 122-3）以自己在非洲的親身經驗為例，有一回他相當生氣地離開談判會場，因為協商結果要求他提供談判者一筆錢和一台收音機。他難以理解的是，為何對方會對收入優沃與高社會地位的他提出這般要求。原來，錢是以他的名義捐給某政黨，收音機則用來與該政黨維持良好氣氛。因此，法迪曼下了一個結論：「以乞討、賄賂和勒索形式出現的動作可能是個地方性的傳統和跨文化禮儀，或者只是想交個朋友。」（Fadiman, 1986: 123）

法迪曼（1986）進一步指出，獻金在許多亞、非或南美洲國家的意義不只是賄賂或勒索，還兼具許多其他目的。他主張，禮物饋贈和交換是為了要建立信任和義務（當地沒有完備的契約法）。他認為，「西方的利益根源於企業運作，但非西方社會則得先打好關係（bonds），才能做生意。」（p. 128）因此，在海外行賄法的規範下，想要在非西方社會做生意的多國籍企業該如何應對？

對海外行賄法採取事後反應的作法是：不要支付任何獻金，除非你能絕對確定此舉合法。儘管這麼做可能造成公司的損失，但也只能這麼辦。海外行賄法是企業拒絕行賄的好藉口，不過也有可能間接促使經理人找到建立關係的其他方法。

採取事前反應的作法是：遵守法律，或試圖改變母國社會

大眾對支付外國獻金的認知。守法意謂透過政府的力量，敦促那些沒有讓獻金捐贈檯面化的其他國家（如德國、日本）通過類似法案，也就是透過超國家政府將「遊戲規則標準化」。於是，改變外國獻金的脈絡成為主要目的。

最後，採行互動式反應的作法則是：在充分符合當地文化的適宜情況下，公開地處理各種外界的請求和獻金，避免造成賄賂的事實或印象，並能維持長遠的良好關係（Fadiman, 1986: 126）。舉例來說，如果某開發中國家的部長以「蓋醫院」為名要求一大筆獻金，企業可以直接蓋一家醫院作為替代；如果當地政府要求公司支付「野生生物管理」基金，公司可以利用進口管理野生生物所需的各種設備以為因應（有家英國公司在坦尚尼亞就曾這麼做過）。法迪曼認為，這種做法「促進當地社會的進步，也使企業得到聲望，而沒有利益輸送的把柄。」（p. 136）

有些研究企業與社會關係的學者主張，以互動式反應法處理政商關係的變化是最好的方法。特別是在國際環境中，這種方式最具彈性。雖然事後反應或事前反應可能是某些情境下的最適方案，但就整體而言，互動式反應法最能有效的解決長期問題，同時發展有利的政商關係。

實際成果

另一個必須考慮的因素是經理人和企業組織設定的目標。到底要形塑什麼樣的政商關係？企業及其經理人願意接受哪一種政商關係，最不希望見到的又是哪一種？

本章稍早曾提及政府在面對企業時扮演的各種角色。政府

作爲企業的客戶、財源、推手和保護者，其與企業的互動型態無疑決定了政商關係的可能結果。當政府是商品或服務的消費者，是資金、政策和保護的提供者時，政府與企業之間互惠的交易便成爲企業的目標。此處所指的互惠是從社會利益的角度來表述，而不只是著眼於企業或政府的組織利益。

譬如，當企業和政府決策者爲設立貿易障礙或嚴格實施國際競爭法（如反傾銷法）的正當性辯護，他們通常不是爲了增加特定企業的獲利或某政府官員的聲望，即便獲利和聲望可能是實際上取得的成果。這種行動多半被認爲可以增進某種社會福祉——維持就業機會、強化重點產業、或支持基本的意識型態（如自由的企業競爭）。犬儒主義認爲「真正的」動機總是在支持社會性的力量，不過事實是：當政府扮演消費者或供應者角色時，企業與政府的互動似乎被視爲某種互惠關係。

如果政商互動立基於衝突或對立，結果又會如何？當政府利用國營事業與企業競爭，或管制企業只能從事某方面的行業，那麼理想成果的正當性就會改變。在競爭和衝突之下，政府和企業都會更強調自己是某群體的代表人——企業經理人認爲他們是雇主利益的代表，政府官員則強調他們是人民利益的代表。

爲了把這些概念回歸到國際政商關係的管理問題，圖3.4建議多國籍企業經理人，可以將企業視爲在多重且複雜的環境下運作。（圖3.4描述的狀態事實上並不複雜，因爲其中只牽涉四個國家，不過仍能突顯基本問題）。

對多國籍企業經理人來說，單一社會內部以及跨社會的複雜性造成的影響同時都得考慮。例如：

圖3.4　多國籍企業運作的假設狀況

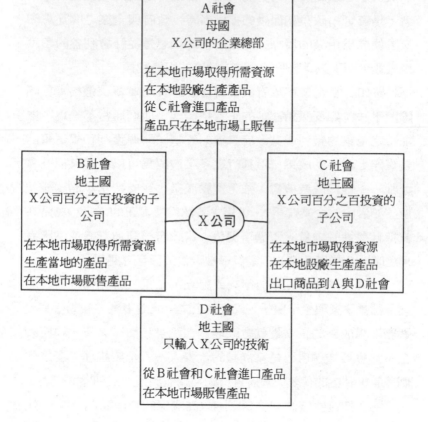

- A、B、C三地的政府政策都認為維持和增進X公司的就業機會是重要的社會議題,但是,如果B社會通過工廠倒閉法,X公司有何替代的應變方案?假如D社會為了保障就業機會,進而限制或對那些沒有在D社會設廠的企業課徵高額進口稅,X公司又該如何因應?
- 四個社會的政府都相當重視經濟成長,也有強烈意願保留

資本從事再投資，如果 C 社會立法限制企業獲利的資金不能回流母國，X 公司該如何因應？

● 假設 X 公司生產的商品和服務具有「高科技」的軍事價值，母國（A 社會）嚴格限制該公司將技術移轉到海外，那麼這項限制對輸入相關設備的 B 社會和 C 社會而言究竟有何影響？兩國的政府會如何反應？

● 倘使國際競爭造成 X 公司在母國（A 社會）市場的佔有率降低，政商互動會做何改變？A 社會的政府政策是否會轉向？而 B、C、D 社會的政府又將如何回應？

雖然這些問題無法窮盡政商關係所有可能的變化，但仍說明了企業經理人在跨國商場上所需面對的複雜性。

第二章曾經討論過，若要有效地管理複雜的國際政商關係，就得全盤瞭解技術與生態，瞭解社會、政府和經濟的意識型態，以及瞭解企業、政府、和公共機構的運作。例如，聰明的多國籍企業經理人都知道，國際商場上的法律問題有時候會扼殺科技的發展。譬如海巴格（Highbarger, 1988: 47）曾指出，電腦科技的進口限制、各國電信編碼系統的差異，以及跨國資訊流通受限等因素，都會阻礙全球資訊系統的發展。

在美國，企業可以自由地在國內外傳輸電子資訊，並進口所需軟硬體。不過此舉在美國境外不一定行得通，因為許多國家限制使用電子編碼的資料，並嚴禁資料流通到國外。

世界上還有少數國家（如印尼）禁止跨國的電訊資料

傳輸，有些國家還會對流通資訊進行檢查，這些行為都是
典型的美國資訊系統管理者在過去未曾遇見過的狀況……
這些限制看起來像是愚蠢的科層體制，但是許多國家卻相
當重視這些法律，一旦發現有企業或個人違法，就會立即
制裁並處以刑責。（Highbarger, 1988: 47）

多國籍企業經理人必須注意到，當跨國企業的運作日益複
雜，以新的結盟形式解決衝突是可行的。例如，德萊塞工業
（Dresser Industries）因其法國子公司販售幫浦給蘇聯的油管業
者而受到美國政府的制裁，德萊塞工業與美國政府逕行協商未
果，反而是在美、法兩國政府協商之後，處罰才得以撤銷。

最後值得注意的是，經理人如何安置企業的利益，使其兼
具社會利益；特別是如何讓政商互動增強而非限制企業的績效。
儘管政府諸多干涉，但多國籍企業已證明自己有能力以各種創
新的方式達成其目標。譬如安格瓦（Aggarwal, 1989）指出，據
估計，採用古代以物以物和相對貿易（counter-trade）*的貿易形
式約占當時世界貿易量的20-40%，這種貿易形式愈來愈普及，
因為它可以避免管制性的貿易障礙。不過，這類創新的貿易形
式存在的時間不長，就被各國政府發現而加以禁止。所以問題
再次呈顯：企業達成目標的可能性還是取決於政商關係。

若要瞭解個別企業組織如何對政商關係產生影響，可以檢
視公共政策的策略性運用（Mitnick, 1981; Wood, 1985, 1986;
Marcus et al., 1987）。企業組織可以策略性的運用公共政策，藉

---

* 譯注：相對貿易係指交易中的貨款可全部或一部分以貨物或勞務取代貨
幣。

此取得競爭優勢。從社會面來看，專利權、著作權、商標保護和政府對壟斷的管制等因素，實際上可以排除所有的潛在競爭，而壟斷者可以透過市場的保護取得其策略性利益。就產業面來看，一家公司可藉由鼓吹提高產品安全、就業機會，或本身已解決但其他競爭者尚未做到的議題來增加其競爭優勢（例如杜邦公司在找到氟氯碳化物的替代技術後，強力支持各國政府限制氟氯碳化物的使用）。美國政府為了讓小企業也具備競爭優勢，於是實施反托拉斯法，有效的限制大型企業進行市場擴張。而大型企業也會利用反托拉斯法限制其他大型競爭者的壯大。因此，如果我們只把公共政策視為限制個別企業的力量，就無法領略其要點。

對多國籍企業經理人來說，若從國際層次思考公共政策的策略性運用，可以發現一些有趣的通則。例如，管制可以催生新科技。在歐洲，「綠色環保法規經常有助於加速新的研究製程，反而增加企業的競爭力。英國石油（British Petroleum）集團旗下的Carborundum公司最近在引擎技術上出現重大突破，成功發展第一個陶磁引擎零件——活塞封環，並開始進行量產，這項技術可讓汽車的廢氣排放量更低且更省油」（Bruce, 1989: 25）。

此外，多數政府的環境代表更多的商機。例如，歐盟嚴格管制污染排放量，雖然此舉增加企業的成本支出，但也創造出許多商機。到1988年底為止，歐洲總共有9,000家污染處理公司，直接和間接與環保有關的勞工有兩百萬人（Bruce, 1989: 25）。1993年7月，歐盟採取環境管理與稽查方案（Environment Management and Audit Scheme），將座落各地的工廠強制納入生態稽查範圍，這項法案為污染防制和稽核管制事業開拓許多商機。

因此，在國際領域上，透過政府做事與跟政府共事同樣重要。

在經濟整合（如歐盟）和政治分裂（如東歐）的趨勢下，多國籍企業經理人也得注意政商關係變化釋放出的無限商機。那些在1992年歐盟整合之前已在歐盟國家佈局的多國籍企業佔盡策略性運用公共政策的優勢，他們不斷遊說歐盟決策者擬定對其產品或技術有利的「新」政策，或施行ISO 9000和14000的品質和環境標準。而東歐前共產國家的政府官員也透過職務之便，取得策略性運用公共政策的訊息，把握住眼前的大好商機。

簡言之，多國籍企業經理人若想在現今國際領域裡管理政商關係，就得拋開和政府對立的觀念，才能尋求新的商機。

綜上所述，我們可以初步瞭解，經理人和學者同樣需要嚴肅地檢視國際領域中的政商關係。帕斯奎洛和伍德將相關的做法和結果描述於下：

> 以概念、研究單位和理論面向探究海外經營環境，便於我們犀利掌握其真正意義，不只是瞭解一般概念，而是要以美國人的觀點來解釋美國的經濟實體。美國學者在概念化美國經濟環境時總會顯露某些迷思，其中一項是政商的敵對關係，這可能是政府對於企業的支持行動產生的附帶現象。（Pasquero and Wood, 1992.）

結論

本章開頭以美軍介入索馬利亞為例，關注國際政商關係發生的巨大變化。本章依序介紹民族國家的重要性、政商關係的

主要面向、不同類型的政商互動、以及管理國際性的政商互動過程與結果等主題，幫助我們瞭解現在的國際情勢，而索馬利亞的情勢敦促我們思索未來的問題。

　　如前所述，聯合國以維持和平及人權爲由，介入波士尼亞和盧安達內政；美國以聯合國代理人的角色自居，涉入索馬利亞事件，這是否意味著各種凌駕社會、政治、經濟整合（如歐盟和北美自由貿易協定）的超區域性（supraregional）整合運動正在成形？聯合國積極介入全球健康和環境等國際性事務，是否暗示未來可能發展出一個可被接受的全球性權威？倘使聯合國或其他類似組織有權管制多國籍企業，並解決各民族國家之間的法律衝突，屆時國際性的政商關係又會如何發展？再舉一例，美國的恐怖份子爲「抗議」美國政府以及超國家政府的概念，而以炸彈攻擊奧克拉荷馬市的聯邦大廈，未來的企業是否必須更謹慎提防這類恐怖事件？這些問題可以很好的界定廿一世紀多國籍企業經理人的政商利益。

參考書目

Aggarwal, Raj. 1989. "International business through barter and countertrade." *Long Range Planning* 22:3 (June), 75-81.

Balducci, Massimo. 1987. *Etat Fonctionnel et Décentralisation: Leçons a Tirer de l'Expérience Italienne*. Bruxelles: Editions Story-Scientia.

Barnes, Pamela. 1984. "A new approach to protecting the environment." *Environmental Management & Health* 5:3, pp. 8-12.

Bruce, Leigh. 1989. "How green is your company?" *International Management*

(Jan.): 24-7.

Business Europe. 1993-4. Various Issues. 1993 issues: Feb. 8-14, Mar. 8-14, May10-16, May 24-30, July 5-11, July 26-Aug. 1, Oct. 18-24, Dec. 13-19, Dec. 27, 1993-Jan. 2, 1994. 1994 issues: Jan. 10-16, Jan. 17-23, Mar. 21-27, May 30-June 5.

Daniels, John and Lee Radebaugh. 1989. *International Business: Environments and Operations*. 5th ed. Reading, MA: Addison Wesley.

Fadiman, Jeffrey A. 1986. "A traveler's guide to gifts and bribes." *Harvard Business Review* 64:4 (July-August). 122-36.

Friedman, Milton. 1962. *Capitalism and Freedom*. Chicago: Free Press.

Highbarger, John. 1988. "Diplomatic ties: Managing a global network." *Computer World* 22:18 (May 4): 46-8.

Kalmbach, William C. III. 1987. "International labeling requirements for the export of hazardous chemicals: A developing nation's perspective." *Law and Policy in International Business* 19:4: 811-49.

Marcus, Alfred A., Allen M. Kaufman and David R. Beam. 1987. *Business Strategy and Public Policy*. New York: Quorum Books.

McCraw, Thomas K. 1984. "Business & Government: The origins of the adversary relationship." *California Management Review* 26:2 (Winter): 33-52.

Mitnick, Barry. 1981. "The strategic uses of regulation – and deregulation." *Business Horizons*, 71-83.

"Multinationals in the third world: Environmental role is studied." *Chemical Marketing Reporter* (July 30, 1984): 4, 25.

Ohmae, Kenichi. 1989. "Managing in a borderless world." *Harvard Business Review* 67:3 (May-June), 152-61.

Pasquero, Jean, and Donna J. Wood, 1992. "International business and society: A research agenda for social issues in management." Conference paper, "Perspectives on international business: theory, research, and institutional arrangements," University of South Carolina, May.

Post, James E. 1978. *Corporate Behavior and Social Change*. Reston, VA: Reston Publishing Co.

Rogers, Jerry. 1983. *Global Risk Assessments: Issues, Concepts and Applications*, Riverside CA: Global Risk Assessments Inc.

Vogel, David. 1987. "Government-industry relations in the United States: An overview," in *Comparative Government-Industry Relations: Western Europe, United States, and Japan*, Stephen Wilks and Maurice Wright (eds.). New York: Oxford University Press, 91-116.

Wall street Journal. 1993. 22 June: A 12.

Wood, Donna J. 1985. "The strategic use of policy: Business support for the 1906 Food and Drug Act." *Business History Review*, 59, 403-32.

Wood, Donna J. 1986. *Strategic Uses of Public Policy: Business and Government in the Progressive Era*. Marshfield, MA: Pitman Publishing.

Wright, John W. (general editor). 1992. The Universal Almanac. Harrisonburg, VA: The Banta Company.

第四章

企業的社會責任與反應

- 某家企業的總部設在德國，自然資源取自南美和蘇聯，在太平洋沿岸國家生產零件，並在北美和歐洲市場販售成品，這家公司該承擔什麼樣的社會責任？

- 日本母公司如何理解和處理美國子公司面臨的社會責任？

- 當企業遵循經濟邏輯從事運作，人民和政府卻不如此認為，那麼，企業需要廉價勞力與自然資源，而國家訴求人民有免於被剝削的自由，這類議題該如何調解？

- 多國籍企業到底該對誰負責？

　　面對上述問題，國際企業經理人和學者同樣都難以回答。但是，若想徹底瞭解經濟組織在現代世界扮演的角色、它們與各社會和人民的關係、這些角色與關係如何隨著時間改變等問題，社會責任與反應的問題就顯得相當重要。

　　本章將在國際領域中檢視企業的社會責任及其反應等概念，我們主要採用組織層次的觀點，探討文化內部以及不同文化之間有關責任與反應的關係，指出身處不同文化的經理人如何決定企業的社會責任、如何做出適當的反應來恪盡其責，而

他們將會面對哪些問題與機會。在介紹過社會責任與反應的概念，以及經理人如何援用這些概念之後，我們再透過一個正在影響企業也被企業影響的全球社會議題——環境污染，說明這些概念具有的國際性意義。

企業的社會責任與反應：概念界定

如同第一章的介紹，企業的社會責任與反應構成企業社會績效（corporate social performance）模型三個部分中的前兩個部分（Wood, 1991a），前兩者造成的結果就是第三部分。責任、反應和結果在概念上是相互連結的，所以在分析和應用上必須視為整體看待。不過，本章主要把焦點擺在社會責任與反應，結果的部份留待後續章節再行探討。

界定企業的社會責任

美國企業界使用「企業的社會責任」一詞已有數十年之久，其原意是指企業不是達成單一社會功能（即經濟生產和分配）的孤立組織，而是與社會整合在一起，且對社會的結構、未來與問題產生巨大影響。然而，企業是孤立且獨立自主的觀念主宰了二十世紀美國的經濟意識型態，學院派或實務界長期以來都忽視經濟對社會和政治的影響。1970年代開始，社會責任的概念開始落地生根，普遍被視為是美國企業活動的重要元素。但基於各種不同的理由，社會責任在美國的演進史不必然能在世界各地上演。

　　與美國相較，德國的企業總裁更難接受企業的社會責任概念。這並不是因為德國企業的責任感不如美國企業，而是因為德國文化有其根深蒂固且具歷史意義的「企業與社會」關係，這些概念已深化到德國企業組織與法律機構內部。譬如，當德國的聯邦緊急財務救助法（bail-out provisions）強迫克萊斯勒（Chrysler）汽車公司聘任勞工團體聯合汽車工作者（United Auto Workers）的理事長擔任董事，美國的企業總裁對此舉大感震驚，認為德國政府干預私人企業事務。不過，勞資協營制度以及工會成員進入董事會表達意見，這是德國企業行之有年的特色。此外，當美國企業自認身處自由的勞動市場時，德國企業卻希望和政府、學校合作，訓練年輕的勞工並提供工作機會。另外，美國企業普遍認為企業存在的目的是為了要增加股東財富，但德國企業卻寧願為企業和社會的長期福祉而努力。不過，德國的社會服務和藝術是由政府支持，不必靠企業慈善募款贊助，因此，對德國企業來說，美國企業致力於慈善事業的舉動既奇怪且不恰當。

　　回想第二章提及的另一個案，企業的社會責任觀念在（前）蘇聯是完全不同的情況。首先，由於沒有私人企業和自由市場意識型態的支持，企業的社會責任觀念無法落實和滋長。由於蘇聯的企業組織都是國營，所以沒有企業社會責任可言。此外，國營企業秉持的哲學就是向社會負責、照顧社會利益以及透過就業機會和生產增加福利，因此，從學理觀念來看，有關經濟組織是否為社會利益而努力、是否達成社會期望的問題在蘇聯從不會發生。

　　再舉最後一個例子。在許多開發中國家，只有當外國企業

願意執行企業的社會責任時,「企業的社會責任」才會存在。墨西哥瑪克拉多拉(Maquiladora)組裝廠裡的勞工賺的錢可能高於一般工資,但是他們的工時長、福利差、工作沒有保障(Russell, 1984),且其購買能力僅維持在勉強取得溫飽的層次(Van Buren, 1995)。聯合碳化公司(Union Carbide)在印度波帕爾發生意外災難,衝突事件因公司提供的賠償金問題而擴大,最後企業主決定賠償每位罹難者100塊美金,傷者每人5塊錢。從當地文化的水平來看,這樣的賠償金額相當合理,但國際輿論卻一致批評企業草菅人命。一位東方毛毯的進口商還曾向作者誇耀:「這些美麗的手工織品是巴基斯坦婦女每週工作六天、每天工作15個小時做成的產品。」

　　不過,從另一個角度來看,多國籍公司確實為開發中國家帶來重要的資本、技術、技能和社會計畫,此舉俾益提昇當地的生活品質,並促進當地經濟與社會的發展。有位作者認為「企業責任」和「社會參與」這類善意用語,只會將「善意行為」或「利他主義」等概念貶低為邊際活動,並被有心人士中傷為「裝門面」、「裝模作樣」、「粉飾太平」、「做善事」或「懺悔金」(Micou, 1985: 10)。不幸的是,這些批評的確有些許真實性。然而,本書並非從「做善事」的角度看待企業的社會責任,而是以廣泛、融合與策略的角度,思考企業在每個社會和全球環境中扮演的重要角色及其應盡責任。

　　把企業社會責任帶到全球層次具有重要意義,從這些個案比較中便能窺知一二。正如本章開頭羅列的個案所指出的,某些後果仍然模糊不清,令人感到棘手。當然,企業必須回應社會期待的說法很容易理解,畢竟,企業是存在於社會中的營利

性組織，它們從社會中取得人力及物力資源，生產社會成員所需的物品或服務，最後把廢棄物排放到社會的自然環境裡。只是，多國籍企業到底該對誰或對哪一個社會負責？當多國籍公司的認知與地主國的期待產生衝突，公司又該如何因應？這些問題到現在還沒有明確答案。因此，從事國際貿易或是在外國營運的企業承擔的社會責任並非是不證自明的。

至於多國籍企業究竟是否應該遵照當地社會的指示從事運作，答案也不甚清楚：

> 假如企業有義務遵守社會的價值觀，我們就得有始有終地把社會價值觀當成企業責任的基礎。如果我們不認同這般觀點，那就得決定自己想秉持的價值觀，並普遍施行於世界各地，而不論此種作法會造成什麼結果。第一種情況的例證包括，共產國家的所有企業都有提供人事資料給政府的義務；中東國家的企業不得任用女性員工；南非的企業必須錄用黑人為奴；在納粹德國營運的企業有義務生產毒氣室所需的毒藥；利比亞（可換成任何一個相關的國家）的企業則有責任幫助政府取得核子武器。而在第二種情況下，我們得檢視施行自己秉持的價值所可能產生的不愉快結果。（Wood, 1991b: 69.）

在全球層次上，第一章簡述過的企業社會績效模型有助於區分社會責任的意義。參照費德瑞克（Frederick, 1978）、卡洛爾（Carroll, 1979）及華提克與寇區藍（Wartick and Cochran, 1985）早期的作品，可以將企業社會績效界定為「社會責任原則的實

踐、社會反應的程序、以及企業活動對社會產生的衝擊」（Wood,
1991a.）。企業社會績效模型源自於企業社會責任的三個結構原
則，這三個原則分別從機構層次、組織層次和個體層次表述企
業的社會責任。（結構原則表達的是一種社會學式的關係，與規
範原則不同，規範原則指的是特定情況下應該從事的行為）。以
下章節將更深入討論這些結構原則，並探索結構原則應用在國
際企業事務的結果。

正當性原則

社會賦予企業正當性和權力。長期來看，只想使用權力卻
不願擔負社會責任的企業終將遭遇失敗。

　　此一機構層次原則源自戴維斯（Keith Davis, 1973）及其與
布龍史東（Davis and Blomstrom, 1975）的研究，該原則界定企
業與社會之間的機構性關係，並指明任何企業由於都是企業機
構的一份子，所以每個企業都承擔某種程度的社會期望（Wood,
1991a: 696）。正當性原則表達兩個觀念：(1)企業是社會的經濟
機構，藉由商品和服務的生產及分配，滿足社會的功能性需求；
以及(2)社會的經濟機構透過廠商組織才得以完成其任務。社會
賦許企業正當性，也就是說，社會將特定的權利交給企業經濟
機構來施展權力。企業為了交換這些權力，便有義務執行社會
指派給它的功能，以滿足社會福祉，並避免不當使用權力。就
此而論，由於每個企業組織都是社會經濟機構的一部分，因此
企業有義務履行其功能，並避免濫用權力。

正如我們在第二章當中所見，企業機構的組織和意識型態會因社會的不同而有所差別。在西歐和北美，資本主義企業執行龐大的經濟活動；在東歐和前蘇聯，國營企業則支配二十世紀大半葉；在中國大陸和部分南美洲國家，國營企業還是經濟組織的卓越典範。有些部落社會並不存在我們所稱的企業組織，不過卻有錯綜複雜的個人和親戚團體網絡，從事以物易物的交易。不管經濟活動以何種方式呈現，所有社會都會安排經濟活動的執行。

經濟活動不論其形成樣貌為何，總要擁有施展在物質、自然資源和人力上的權力。權力是討論正當性問題的核心。企業是否擁有權利對其所需資源行使權力？如果有，就表示它們擁有社會賦予的正當性。但是行使權力的權利必須搭配適當的、社會認可的方式，不能以未獲認可的方式恣意行事。譬如，根據正當性原則，一家總公司設在美國的汽車廠有權與供應商議價購買所需原料，但卻不能拿槍逼迫供應商降價；公司有權要求員工達成企業目標，但卻不能強迫他們從事危險工作；公司有權把貨品賣給任何買主，但不可以用欺騙手段誤導消費者。這些錯誤行為會被視為濫用企業權力，一再犯錯的公司便會失去其正當性，因其行為已無法達成美國社會對企業的期望。更進一步的說，如果人們相信這些錯誤行為可以讓企業活動更具特色，那麼企業作為機構的正當性將因而受到威脅，資本主義企業有可能在此基礎上被其他企業型態取代。

正當性原則也適用於國際企業嗎？當企業在政府管轄的範圍內活動，當然適用正當性原則，因為企業機構及其組織的正當性事關公共政策。舉個例子，當某政府採取激烈行動，將境

內營運的外國事業國家化，我們就可以清楚的看到正當性原則
的運用。政府可以透過企業國有化手段非法強奪財富和資產，
這項動作意味企業已失去在社會上的正當性，也不再有自主執
行權力的權利。東歐和前蘇聯國營企業民營化的過程中也出現
類似現象，甚至出現反效果。當這些國家秉持的意識型態從社
會主義轉變成資本主義時，國營的經濟組織開始被視為不具正
當性的經濟權力形式，因此國營企業喪失其存在的權利。

公共責任原則

> 企業經營會和社會產生直接和間接的關係，而企業得向這
> 些關係的後果負責。

此一組織層次原則（Preston and Post, 1975）並不是指企業
作為一個社會機構所應承擔的責任，也不是指廠商作為機構的
一份子所應負的責任，而是指特定組織必須為其所做所為負責。
簡單的說，該原則要求每一個企業必須要「自己收拾爛攤子，
自掃門前雪」。正當性原則強調的是所有企業承擔某些共同的責
任，而公共責任原則強調每個企業因其類型不同而有各自獨特
的責任。

為了要更進一步探討公共責任觀念，普列司敦和波斯特
（Preston and Post, 1975: 11）企圖釐清企業的社會責任概念，使
經理人得以體驗公共責任的真實意義。他們主張，經理人必須
承擔公共政策界定的公共責任或外部責任，就如同他們得向企
業經濟功能界定的內部計畫、執行、監督、考核等事務負責。

這些外部責任存在於企業與社會的直接關係領域與間接關係領域中。

直接關係領域包括「直接源自〔廠商〕特定功能角色的那些行為與交易……缺乏這些行為與交易的組織不能稱為企業」（Preston and Post, 1975: 10）。比如，汽車製造商必須關注汽車安全技術標準、節約能源政策、駕駛人教育計畫以及道路養護公共基金等公共政策議題，因為這些議題直接關係到廠商在汽車製造上扮演的特定經濟角色。銀行必須關心經濟發展和企業貸款政策等議題。化學物品經銷商則得考量環境污染、產品安全和商品標籤等議題。

間接關係領域則包括「不是由組織本身的特性產生的衝擊和影響，而是指組織投入的主要活動產生的衝擊和影響」（Preston and Post, 1975: 10）。比如，汽車製造商也得考量公共運輸以及石油和鋼鐵貿易限制等議題，雖然這些議題與汽車廠的原始經濟功能沒有直接相關，但卻與企業活動的結果有關，或與企業達成目標的能力有關。在此前題下，即便社會議題看似與汽車製造關連甚稀，但卻可能落在企業公共責任的範圍內：比如企業需要識字的勞工，因此公司得參與成人識字計畫；或者資助高中有關毒品與煙酒勒戒的講習，希望有助於塑造沒有毒害（更安全、可靠）的工作環境。

不過，當我們實際將公共責任原則應用到全球市場時，會有什麼結果？很簡單，沒有什麼事會因此改變。企業對其造成的衝擊和影響負起責任，這項原則適用於在世界各地的每一個企業，無論這個企業營運地點跨越多少國家，不管它有幾條生產線，或援用何種意識型態。簡單來說，就是「誰打破，誰修

理」或「己所不欲，勿施於人」。同樣的，企業有責任試著解決會影響到企業本身的社會問題，這個觀念可以被改成：「如果它妨礙到你，就試著修正它」，或「如果它讓你一頭霧水，就把它理清楚」。

管理裁量原則

> 經理人是倫理的行動者。在企業社會責任的各個領域，經理人有義務做出各種負有社會責任的裁量。

企業的社會責任一直被視為「管理裁量」（Ackerman, 1975: 32-3）。管理裁量（managerial discretion）是一項個體層次的原則，該原則指出組織成員不是一味遵守各項規則的機器人，他們每天都得在各種情境中做選擇。這項原則建議員工有義務做出負責任的選擇，並得在各項經營決策中加入倫理反省（Epstein, 1987），他們必須在各領域的企業活動中展現責任感，並應用倫理推論程序做出決策。

管理裁量是企業社會責任的重要領域之一，這些領域包括：

- 經濟責任——企業的職責是獲利和累積財富、製造及分配產品和服務，並提供勞工就業機會和收入。
- 法律責任——企業有守法的責任。
- 倫理責任——企業有責任遵守社會核心倫理價值決定的對錯行為。
- 裁量責任——企業有責任動用其資源改善社會。

　　裁量責任經常被界定為仁慈的付出，但是伍德（Wood, 1991a）強調，「管理裁量，換句話說也就是選擇的能力，可以應用到各個領域，吾人可以在各領域中發現社會責任的行動及結果」。譬如，經濟責任涉及對產品、服務、市場、生產技術和廣告的選擇；法律責任不僅指涉守不守法，還包含法律如何被人們接受；倫理責任涉及選擇用什麼方法對待他人；至於裁量責任，以慈善行為為例，則涉及選擇如何將閒置資源配置到慈善組織或社會服務組織當中。正如狄基和朗樂（Dickie and Rouner, 1986: 13）所言：「倫理問題最終得回歸到個人。企業如何做出負責任的行動（或者更精確的說，是企業該對誰負責），仰賴企業內部被授予權力的個體所擁有的價值觀、思想和智慧。」意即，企業的社會責任最終取決於企業內部的個體如何裁量。

　　管理裁量原則可以應用到國際企業嗎？當然可以，只要組織成員能夠不受限制，並取得充分資訊，那麼，管理裁量便可存在於各種企業活動中。然而，不受限制和取得資訊等條件可能因為文化的不同而有所差異。

　　舉例說明，英國設有國家保密法（Official Secrets Act），將大量的企業資訊和產業資訊列為機密，但是美國的資訊自由法（Freedom of Information Act）卻要求公開這類資訊。這種情勢同時提升和限制了英國經理人的裁量權。如果利害關係人不知道「機密」資訊，公司便能較不受其干擾，而企業也能保有許多不必對外公開的機密資料；不過，他們同樣也無法取得競爭對手的「機密」，也不能透過訴訟，迫使對手公開進而取得與競爭有關的資訊。

　　再舉其他例子，在前共產主義國家德意志民主共和國（東

德），管理裁量受到政府秘密警察的嚴格控制，決策者若做出「政治路線不正確」的決策和行動，則會喪失升職機會，甚至會被開除，整個家庭生活環境（如居住、出國旅遊及子女受教機會）也會受到影響。你永遠也搞不清楚到底誰，到底有多少人是秘密警察，這種持續的強制威脅絕對會對個人的決策和裁量產生限制。

總之，企業社會責任的結構性原則不必然與文化有關。首先，對各種形式的經濟活動來說（如私營企業或國營事業），社會是正當性的來源，它可以選擇收回哪些經濟活動形式的正當性。其次，企業組織不必負責解決世上所有的問題，但是它們有責任解決自己製造的問題，以及對自己產生影響的問題。第三，企業經理人必須負責的對象包括個人行為、自己設計的系統與製程、販售的產品與企業員工等等。在企業社會責任的每一個領域當中，不管是經濟、法律、倫理還是裁量領域，經理人都得選擇如何恪盡這麼多的義務。

企業社會責任反應的程序

企業社會責任反應的程序是企業社會績效模型的第二個支柱，也是經理人和公司將企業社會責任原則付諸行動的工具。阿克曼（Ackerman, 1975: 65）提出企業反應社會議題的三個階段：

● 第一階段—政策：企業總裁意識到某項議題，認定它對公司影響甚鉅，於是給予密切關注。政策的形成一開始是立

基於概略的分析與薄弱的證據上，隨後公司處理議題的經驗增加，政策會愈形明朗。

● **第二階段—學習**：議題被界定為一項技術問題，而後指派專家負責處理和協調組織對議題的回應。當專家得到克服障礙的技巧和學習到克服障礙的知識，以及當組織成員開始意識到公司嘗試回應的議題之後，學習階段也告完成。

● **第三階段—承諾**：議題的處理不再由專家獨佔，而由中階經理人負責實行並將其融入公司的例常運作中。

阿克曼同時提出，會對企業社會責任做出回應的公司有三種特質：他們會監看環境、回應利害關係人的期待、以及管理對社會議題與趨勢的回應。這幾個特質待合企業做出社會反應的基礎程序：

● **審視環境**讓企業監看和評估環境的趨勢、事件和情境。

● **利害關係人管理**讓企業注意並適當回應許多利害關係人的要求。

● **議題管理**讓企業能夠設計和施行計畫，以回應新興的趨勢和變遷的局勢。

簡言之，反應程序與下列事件有關：資訊的蒐集和評估、處理人們與其他組織關係、以及企業處理大環境中的議題、事件和趨勢。

這些反應程序會在本書其他章節深入探索，我們在此快速審視這些程序在全球市場中到底適不適用。我們必須分辨這種

評估有兩個面向：(1)在應用反應程序的情況下，文化內部與跨文化的異同之處；以及(2)反應程序運用於文化改變、多國籍，或全球問題、關係和機會等情境。

文化內部與跨文化面向。跨文化事務總需要審慎檢視。譬如在美國經商的公司不太需要評估營運的政治風險，或者怕公司資產遭政府掠奪而採取保全措施。再者，用來檢視環境的工具也會因不同的文化而異，例如，工業化國家的經理人可以從電視或報紙蒐集資訊，不過當他們來到開發中國家，發現當地蒐集資訊的方式竟然只能仰賴廣播，甚至是口耳相傳的話，一定會震驚不已。

同樣地，企業的利害關係人也因國家不同而有所差異。對美國的經理人而言，他們現在已慣於認定利害關係人指的是股東、員工、政府、客戶、供應商、環保份子等。不過在中美洲、非洲、中東或東南亞等地區營運的公司，其利害關係人名單就會與美國大相逕庭，舉凡左翼游擊隊、右翼游擊份子、恐怖份子、各式各樣的宗教運動者、宣教組織、遊牧民族醫療巡迴車隊、海關、種族主義者、政黨、部落家族領袖、革命政府、犯罪組織、流亡政府、軍方派系、軍火走私販、外交間諜、雙面諜和有政治勢力掩護的毒販等。

最後值得注意的是，不同文化會產生不同的議題。譬如美國美國不會有政教分離的議題，但是在部分以教領政的國家當中，宗教領袖認為以政治力強化宗訓示是其職責。同樣地，在這些國家也會出現美國經理人不熟悉的政治和社會議題，比如政府規定婦女在公共場所必須蒙面。再舉同樣的例子說明，由於西歐不是瘧疾疫區，因此在西歐營運的公司不必擔心員工會

遭瘧疾感染，他們也不必支持相關的治療和預防研究計畫（除非這家公司是製藥廠）；不過部分在非洲和中美洲營運的公司，就真的得考量到瘧疾的嚴重性，同時也必須參與相關的瘧疾防治研究。

超越文化、多國的和全球的面向。企業在國際商業領域中應用社會反應程序時，除了考慮文化內部、跨文化比較面向之外，也應瞭解全球經濟環境不止是各個國家經濟環境的集合，而是一個完整的體系和力量。因此，審視環境還得考慮政治、技術、經濟、社會的情勢，以及跨越國界的變遷。以1950年代和1960年代的冷戰時期為例，共產主義的疆界不僅限於蘇聯，還包括中國大陸、古巴、部分歐洲和東南亞國家以及非洲等地區。它是一個帶有全球意涵與後果的多國現象，對許多國家帶來深遠影響。同樣地，貿易形式、匯率交換或勞動流動創造出來的跨國依賴，已建立一個無關國界的國際經濟環境。

利害關係人管理同時具有跨國和多國的面向，在通訊和旅行便捷的時代特別如此。某些活躍的利害關係人團體本身就是多國性的。舉例來說，在1980年代末期，當國營企業試圖在多惱河沿匈牙利和捷克兩岸興建水力發電計畫時，遭到境內環境運動份子反對，這些環境保護組織竟然是由其他國家的團體（澳洲和西德的綠色團體）資助；另一個反對聲浪則是來自於國際性團體，如世界野生動物保護基金會。這些利害關係人的竄起著實讓企業經理人大吃一驚，其中有部分是因為他們都不是當地團體（Wood, 1992）。其他與多國籍利害關係人相關的例子還包括天主教團體發起的杯葛雀巢嬰兒奶粉行動、對商人施以各種不同恐怖行動的回教聖戰、綠色和平組織對全球的捕鯨和捕

魚方式禁制與影響、以及聯合國為了國際政治環境和評估政治
風險後所採取的制裁措施。

　　最後，由於議題本身並不總是受到政治邊界的管轄，所以
議題管理的跨國性格非常明顯。跨國企業特別需要管理跨國性
議題的職能，以掌握全球性政治和社會問題的進展，評估其可
能對企業產生的衝擊，並做出符合需求及理想的回應策略。在
下個章節中我們將討論的環境污染問題，正是提醒企業必須警
覺全球性社會議題的最佳範例。

　　總之，我們發現在國際企業環境中，環境審視、管理利害
關係人和議題管理等反應程序不只是「可行的」，而且是絕對必
要的。世界的距離愈來愈小，國與國之間的關係愈來愈密切，
以致於企業經理人不能自外於所有發生的事，能及時警覺做出
反應是企業經營的不二法門。

運作原則與程序

　　本章後續段落將陳述某些與環境污染有關的社會政治議
題，以便探索企業社會責任與反應的全球面向。這些議題不僅
具有國際性的規模、影響力和能見度，而且其與全球企業活動
的關係是無庸置疑的。透過這些議題，我們得以窺視在全球環
境中制定社會責任原則和社會反應程序的困難度與複雜性，也
瞭解企業在解決抑或惡化全球問題上的可能性。

全球的社會責任和環境污染

1974年，瑞典的東尼優格公司（Toni Yogurt）針對日漸高漲的生態意識做出具體回應，以回收的玻璃容器裝優格。在十年光陰中，東尼公司卻面臨許多技術問題，如瓶口密封劑、配銷商回收空瓶、消費者缺乏回收動機，以及市場接受度不高等等。問題雖多，但東尼公司還是成功地化解難題，這項由企業改革引發的生態意識，讓競爭者不得不正視企業的生態保育競賽。（Dyllick, 1989; quote on p. 661）

污染是個全球問題，沒有國界之分，但卻會威脅到人類的未來。生產和消費的浪費都會耗損自然資源和能源，工業化國家和開發中國家的廢棄物同樣都會污染水資源、造成空氣品質惡化、土壤貧瘠。正如我們在專欄4.1中所見，雖然企業不是污染的唯一來源，卻也是重要來源，與全球污染事件有密切的利害關係。

根據世界資源組織的主席史派司（James Gustave Speth, 1987: 21）的觀察，開發中國家的污染對西方企業帶來莫大挑戰：

面對資源管理、經濟成長所需能源以及提供膨脹人口食物等挑戰，開發中國家的處理方式會影響美國企業對原料和市場的取得。無力迎向這些挑戰的國家可能面臨經濟衰退、社會動盪甚至政治動亂。經濟持續成長、政治穩定、謹慎的資源管理、以及適當的國際協定都是企業維持長期經營不可或缺的基礎。

全球污染問題牽動的利害關係如此綿密，對世界人口的影響極其深遠，使其成為探討企業社會責任的重要主題。

專欄4.1 企業在全球污染事件中的利害關係

資源效用

污染破壞了企業製造與營運所需的自然資源。

管制效用

污染致使各國政府對企業的控制更趨嚴格。

貿易政策效用

全球污染問題迫使各國簽訂國際條約，並創設國際法。

無效率效用

污染形同浪費；浪費代表金錢損失；浪費行為減損企業獲利。

利害關係人效用

污染造就出活躍的利害關係人，他們採取的激烈行動會影響企業營運。

以企業社會績效觀點檢視全球污染問題的第一步是應用企業社會責任的原則，觀察其中是否有明顯瑕疵。要提出的問題是：多國籍企業對污染、廢棄物和環境安全負有什麼樣的義務？

應用原則

(1)正當性原則要求企業至少得遵守地主國的環保標準；最基本的作法，就是遵守地主國的法律。這種守法的義務對自然環境淨化的貢獻不大，因為多數開發中國家根本沒有環保法令，或者也不強迫企業遵守。

正當性原則還有另一個較先進的意涵，也就是履行母國對

正當性的要求。已開發國家的污染防治法規通常較爲嚴格，總部設在已開發國家的企業通常會在世界各地的營運處執行高標的環保要求，而在聯合國的推動下，多數國家也開始接受國際污染管制法的規範。

(2)公共責任原則建議企業不只是要解決自己製造的污染，同時還得一併去除影響企業營運的污染問題。這是一個極具效力的原則，不僅使企業能夠減少製程產生的外部成本，並以寬廣、長期的眼光，檢討企業自身的立足點與責任所在。在此原則之下，多國籍公司就有義務考慮產品的整個生命周期，從設計、製造、配銷、使用到棄置，每個環節都要思考如何降低產品對環境造成的負面效應，不論其影響是多或少（順帶一提，德國已開始採納此作法）。再者，這些負面影響關係到運輸者、販售者、消費者和使用者的特質，因此企業在思索其環境責任和可能行動時，必須考慮到這些特質。

(3)管理裁量原則建議，經理人可以嘗試在每個責任領域中做出兼顧環保的決策，這意謂經理人得多費心思考量各種選擇。管理裁量原則爲決策程序注入新元素，以往不受到重視的問題和機會，現在必須在檯面上審視。我們甚至可以這麼說，管理裁量原則就是採用高於政府要求的標準，並以此做爲評定企業決策和健全企業倫理的方法。也由於管理裁量原則強調個人擁有改變組織行爲的能力，因此這項原則可能是企業社會績效原則中最強而有力的一個。

社會責任原則會讓一家公司更具競爭優勢抑或處於劣勢，這個問題目前尚無定論。事實上，依公司、產業及其遭遇問題的不同，優劣兩種效應都有可能發生。例如，眾所皆知，產業

自我管制（這也是企業社會績效模式的一種）不僅可以取代官方管制耗費的成本與麻煩的程序，俾益產業提升競爭力。另外，產業履行社會責任及自我調節措施也能增進產業成員的競爭力。從美國化學工業的責任監督計畫（Responsible Care program）可以看出這項研究的立意；這項監督計畫於1988年取材自加拿大的化學工業，而現在已是化工產業公會入會成員的基本要求。（"Responsible distribution," 1993;Shon, 1993;Reisch, 1994）

　　由化工製造協會（Chemical Manufactures Association）提倡的責任監督計畫，要求塑化廠商必須加強與社會公共溝通，同時需符合健康、安全和環保的標準。到了1992年，謹守責任監督標準已成為全國化學配銷商協會（National Association of Chemical Distributors, NACD）成員的信條，而化工製造協會的會員只能與符合責任監督標準的配銷商合作。所謂的責任監督標準包括：

● 　關懷社區，危機處理；
● 　分配；
● 　污染防治；
● 　安全的程序；
● 　員工健康及安全，和
● 　產品定位。

瞭解問題

　　專欄4.2列出與環境污染有關的一些問題、結果、源頭和可

能的解決方案。在這個案例中，說明了什麼樣的全球性的企業社會責任與反應？

(1)**社會議題兼具實質和象徵意義**。從「環境污染」這個單一議題切入分析，會發現問題錯綜複雜的程度令人瞠目結舌。

專欄4.2 環境污染──全球議題

生態問題

臭氧層被破壞；製造氧氣的雨林被破壞；全球溫度上升（溫室效應）；酸雨；放射性和有毒廢棄物的處理；固態廢棄物；空氣、水和土壤污染；土質侵蝕；飲用水的污染與浪費；生態恐怖主義；動植物物種滅絕；對環境影響不明的化合物激增。

潛在問題

貧窮、人口過多和糧食不足、文盲增加、缺乏教育資源、已開發國家妄自尊大、不負責的生產和消費形式、民族主義、戰爭、無力治理共同領域。

結果

生態系統毀滅；罹患癌症、氣喘與其他與環境相關的疾病機率增加；對自然資源無法彌補的傷害，特別是水源和土壤的損害造成長期生活品質低劣；氣候和溫度型態的變化。

始作俑者

國家、政府、城市、企業、其他組織、農場、家庭、個人等。

解決之道

國際管制；國際共同協議；國內的政策；企業與組織的社會責任；改變消費者／使用者的行為。

這意謂「環境污染」沒有解決之道——這種說法是一種象徵，用最簡潔有力的方式指涉整個複雜的問題。在技術上，每個問題都得個別處理，但所有問題彼此都是相互關連且互賴。

　　附著在社會議題上的象徵會引來強烈的情緒反應，例如，人們在聽到「波帕爾」或「徹諾比」時會有何反應？這意謂光靠技術面的解決是不夠的；人們必須一再確認、相信專家值得信賴，且問題可以迎刃而解。這種再確認如同政治、公關的職能，都屬於科學的專門技術和知識，而組織和政府也會給予財務支持。以技術解決機構問題必須與主流意識型態一致，否則會引發大眾的不安甚至是衝突。

　　(2) 企業的利益議題衍生自較大的社會議題。例如，如果仔細觀察全球有毒廢棄物的進出口問題，就會發現這個議題關係到許多鉅觀的社會議題，比如種族主義、第三世界的貧窮和教育不普及、缺乏國際秩序，以及已開發國家的程序、消費者以及政府對處理國內廢棄物方向錯誤等等。

　　即便是在已開發國家，環境問題仍深陷於複雜的社會、政治、科技與經濟因素的大泥沼。以歐盟為例，歐盟為了朝向統一歐陸市場的目標前進，容許會員國將部分國內的貿易壁壘基礎提升到比歐盟規範會員國環境標準還高的程度，所以丹麥日後必須回收啤酒和飲料的空瓶、德國必須囤積塑膠空瓶，至於義大利則需對所有的塑膠用品設限（"The Freedom," 1989: 22）。要讓歐盟各會員國都達成相同的環境標準有很多潛在的問題，諸如各國產業與政治結構上差異、人口統計趨勢有別，以及源自於數百年前歐洲歷史上的跨國與跨文化的緊張關係。觀察家相信，最近加入歐盟行列的奧地利、芬蘭和瑞典等國，只會讓

歐盟的所有企業面臨更嚴格的環保壓力，甚至造成對與環境議題相關的判決、訴訟案增多，以及罰款機構癱瘓。

(3)**環境污染結果反應人類、其他物種與自然環境間複雜交織現象**。數十年來，生態一直是隸屬於生物科學中的學門，但生態互相連結的意義，最近才和人類扯上關係。例如，眾所皆知，森林不只是全球氧氣的重要來源，同時也能吸收大量的二氧化碳和飄散在空氣中的廢氣，達到淨化空氣之效；更重要的是，森林是許多藥物和化學物質的唯一來源。然而亞馬遜河地區的雨林卻因爲已開發國家對異國木材與牛肉的需求，以及開發中國家爲了趕上工業世界的富裕與生活品質而遭到摧毀。也就是說，破壞雨林將使全世界窒息。

就有如農夫爲了加速農作物收成，噴灑農藥而污染地底的含水土質。這個舉動危害到以汲取地下水維生的人。卡姆巴赫（Kalmbach, 1987: 828-9）發現，儘管母國禁止的致癌物質已經運出國境，但出人意外的，在家鄉的超級市場中還是會發現這些東西：好比美國所製造僅供出口的aldrin和dieldrin農藥，但卻隨著厄瓜多爾的可可、哥斯大黎加的咖啡以及印度的糖和茶又回到了美國。

(4)**企業和個人都是全球議題的始作俑者**。企業對全球環境的損害是無庸置疑的，不過始作俑者不只有企業，還有那些使後即可丟棄、多重包裝，卻罔顧可能造成環境負擔的消費者；製造大量垃圾，卻未曾想過要以公權力管制環境問題的政府；爲了增加收成而噴灑強毒性農藥和除草劑的農夫；以及每天午餐都使用可丟棄式餐具的學校。這些組織或個人，都是環境問題的幫兇。

　　「垃圾不要丟在我家後院」（Not-in-my-backyard）這個議題在最近頗為風行，讓究竟誰該為製造垃圾及清理垃圾的問題更加惡化。這個議題顯示，人們確實十分關心環境健康與安全風險，但因為他們不願為自己製造的問題負責，使得環境問題的解決變得困難重重。例如，已開發國家的居民不願意讓電力公司的纜線經過自宅，也不讓有毒廢棄物傾倒在住家附近，或工廠煙囪影響到住家品質；然而他們卻不斷地要求足夠的電力、重疊包裝的商品、並從相關的製造設備中獲得工作機會及經濟利益。那麼，這些電線、煙囪和廢棄物應該丟在誰家後院呢？此時腦中浮現的方案是將這些問題出口，就如同我們現在常見的將有毒廢棄物輸出到開發中國家一樣。企業尋找仲介商代為運送毒性副產品到其他國家，其花費低於遵守國內環保法規所支出的成本。然而，已從環境意識覺醒並立法的國家，或才剛意識到進口毒性廢棄物將危害環境的國家，在不久的將來會阻止已開發國家再行佔有這種經濟性的便宜（Chester, 1993）。

　　「關心後院」的概念，可以成為達成解決問題共識的引線。例如，1986年歐盟開始致力降低溫室效應造成的影響，荷蘭是這項議題的推動者，因為荷蘭國土多低於海平面，全球氣溫上升造成冰山溶解導致海平面上升將對其構成嚴重威脅（"Controlling carbon dioxide," 1986: 57）。荷蘭的後院即為大西洋，不難理解她海平面上升極為重視。不過，荷蘭無法獨力解決這個問題，她必須將議題擴大，好讓更多國家參與。

　　(5)這些問題的解決需要多層次與眾多當事人的參與。部分國家、人民採取的單一行動，固然有助於延緩負面事態的擴散，但是他們並無法解決「囚犯的兩難」（prisoner's dilemma），這是

集體行動的核心問題（Olson, 1971）：當我們為了集體的利益而努力的時候，為什麼還有人表現得如此自私自利？倫敦商學院（Lodon Business School）的貝瑞特教授（Scott Barrett）說，「每個國家都有保護全球環境的動機，問題是，這些動機小到無法形成具體行動」（Barrett, 1990: 48）。

　　難怪經濟學人（1989: 13）的社論指出，沒有一個國家會為企業引發的環境問題付出代價，除非這樣的行動是全球性的（"The First Green Summit," 1989）。此外，要解決全球環境問題，還得具備對貧富差異、南北地域、白人與非白人……等問題的敏感度。經濟學人的社評指陳，第三世界國家認為已開發國家製造的全球污染問題較為嚴重是，他們不想成為這些國家的代罪羔羊；同時，由於污染問題終將危害國家發展，因此開發中國家最終還是不能不去面對他們所該負起的責任。（"The First Green Summit, " 1989: 13）

接受機會

　　不管同意與否，跨國企業對環境問題必須投以極大關注。至今還有人在爭辯：究竟將污染問題輸出到落後國家是經濟上可行，還是具倫理正當性的問題；以及污染問題是否只是工業化和改善生活品質上不可避免的副產品。爭論歸爭論，全球污染問題與各國的管制措施一樣，已經成為多國籍議題，而歐盟最新的污染指標ISO 14000就是最好的例子。

　　ISO 14000是為了環境保護所設計的全球企業強制性環境標準。ISO 14000在1996年發展出來的的兩項要素分別是：環境管

理系統與環境稽核標準。目前ISO 14000已完全成熟，其四個標準為：績效評鑑、環境分級、生命週期評估及產品標準的環境評估（ "ISO," 1995; Harris, 1994）。歐盟不僅制訂環保標準化措施，並且要求所有在歐陸營運的多國籍企業都必須取得ISO 14000證書（ Ottman, 1995; Powers, 1995）。

　　重要營運據點出現環保標準，意味多國籍企業必須擬定策略，使公司的運作能與此環保標準的理念相符。以下是為了符合ISO 14000標準，企業環境所應做的努力：

● 採納有助於企業取得產業ISO 14000證書的管理策略。
● 以降低污染、節約能源作為符合嚴苛環境管制標準的手段。
● 從產品變更轉變成行為和製程的改變，同時以符合環保的方式製造產品。
● 在製程中融入回收理念，以減少製造出固態廢棄物。

　　同樣地，多國籍企業領袖與國際環保專家共同推薦，解決全球環境問題的方式還包括：

● 完全遵守當地政府的環境和衛生法令及限制，同時建立符合地方政府法令的工作衛生和安全標準。
● 確認企業的高層決策支持公司的環境政策，此政策不只在公司全面通行，同時在地主國也應普遍實施。
● 評估所有主要投資計畫可能對環境產生的衝擊，包括分析對當地及其他地區的環境影響、採用減少負面效應的技術、減緩社會衝擊如人口外移或勞力湧入，以及制定產生污染

突發狀況的應變措施。

● 負起創業投資夥伴及包商的責任，不得以分包的方式逃避保護勞工的責任。

● 透過個別或貿易協會的方式管制危險輸出品。

複雜的全球環境問題絕無簡單的處理辦法，如果企業接受這個事實，意謂技術發展、銷售和市場出現新的機會。假設多國籍企業把所有的精力花在抱怨環境管制、不同的標準和成本增加，或者將資本轉移到尚未實施環境管制的國家，那麼他們將失去取得競爭優勢的機會，失去與地主國建立穩定關係的機會，也無法透過其行動改進全球生活品質。最終，他們還是得把資本轉移到更原始的環境，到頭來，這些企業將會面對比眼前更大的難題。「有許多證據顯示，多國籍企業製造的污染少於當地企業。事實上，他們經常是提供和轉移污染控制技術的重要管道」（MICOU, 1985: 13）。

結論

本章已經介紹企業社會績效（CSP）模型的第一個部分，也就是社會責任原則，並檢視跨國企業如何運用這項原則。我們也簡短地探索企業社會績效模型的第二項原則——企業社會反應——在國際領域上的應用。最後，我們以全球環境污染議題為例，瞭解當企業試圖在全球各地履行社會責任原則時，所涉及文化、價值、人口與組織的複雜互動。

最近，馬可威爾（Joel Makower, 1994: 21）在他的社會責任

企業研究中強調，「大多數企業所能做到最盡社會責任的事，就是獲利：為員工營造永續的工作機會及合理的薪資環境、為企業負責人和投資人謀取實質的投資報酬，並為其所處社區營造繁榮、永續經營的景象。」Max B. E. Clarkson（1988: 263）研究加拿大十七個大型企業，在密集觀察其社會和經濟成就後，發現了一些現象：

> 一個擁有水準或水平以上經濟表現的企業集團，其策略計畫會整合社會、倫理與裁量責任和企業目標，而其運作也結合著管理績效與決策。社會責任也就是在倫理上負起責任並遂行獲利行動。（Clarkson, 1988.）

企業要迎向全球經濟的挑戰，也得面對全球社會與政治議題的問題和機會。多國籍企業必須向世界各地無數的利害關係人負責（參考Thompson, Wartick and Smith, 1991）。遵守企業社會責任的原則，將是多國籍企業邁向獲利、成為世界公民的第一步。

參考書目

Ackerman, Robert W. 1975. *The Social Challenge to Business*. Cambridge, MA: Harvard University Press.

Barrett, Scott. 1990. "After you." *Report on Business Magazine* 6:7: 48.

Carroll, Archie B. 1979. "A three-dimensional conceptual model of corporate social performance." *Academy of Management Review* 4: 397-505.

Chester, Elaine. 1993. "Toxic exports." *Environment Risk* (July/Aug.): 19-21.

Clarkson, Max B. E. 1988. "Corporate social performance in Canada, 1976-86." Pp. 241-65 in Lee E. Preston (ed.), *Research in Corporate Social Performance and Policy*. Greenwich, CT: JAI Press.

"Controlling carbon dioxide: The view from Europe." *Chemical and Engineering News* 64 (Nov. 24, 1986): 57.

Davis, Keith. 1973. "The case for and against business assumption of sociaol responsibilities." *Academy of Management Journal* 16: 312-22.

Davis, Keith, and Robert L. Blomstrom. 1975. *Business and Society: Environment and Responsibility*. New York: McGraw-Hill.

Dickie, Robert B., and Leroy S. Rouner. 1986. "Introduction." Pp. 1-16 in *Corporations and the Common Good*. Notre Dame, IN: University of Notre Dame Press.

Dyllick, Thomas. 1989. "Ecological marketing strategy for Toni Yogurts in Switzerland." *Journal of Business Ethics* 8: 657-62.

Epstein, Edwin M. 1987. "The corporate social policy process: Beyond business ethics, corporate social responsibility, and corporate social responsiveness." *California Management Review* 29:3 (Spring): 99-114.

"The first green summit." 1989. *The Economist* 312 (July 15): 13-14.

Frederick, William C. 1978. "From CSR1 to CSR2: The maturing of business and society thought." University of Pittsburgh working paper; published as a Classic Paper in *Business & Society* 33:2 (July, 1994).

"The freedom to be cleaner than the rest." 1989. *The Economist* (Oct. 14): 21-2,24.

"Green or bust?" 1995. *Business Europe* 35:9 (March 6): 1-3.

Harris, Paul. 1994. "Companies should prepare for global E-management standards." *Environment Today* 5:12 (Dec.): 7.

"ISO 14000 standards update" 1995. *Environmental Manager* 6:10 (May): 3-5.

Kalmbach, William C., III. 1987. "International labeling requirements for the export of hazardous chemicals: A developing nation's perspective." *Law and Policy in International Business* 19:4: 811-49.

Makower, Joel. 1994. *Beyond the Bottom Line: Putting Social Responsibitliy to Work for Your Business and the World*. New York: Simon & Schuster.

Micou, Ann McKinstry. 1985. "The invisible hand at work in developing countries." *Across the Board* 22:3 (March): 8-15.

"Multinationals in third world: Environmental role is studied." *Chemical Marketing Reporter* (July 30, 1984): 4, 25.

Olson, Mancur. 1971. *The Logic of Collective Action: Public Goods and the Theory of Groups*. Cambridge: MA: Harvard University Press.

Ottman, Jacquelyn. 1995. "New and improved won't do." *Marketing News* 29:3 (Jan. 30): 9.

Powers, Mary Buckner. 1995. "Focus on environment." *ENR* 234:21 (May 29): 30-2.

Preston, Lee E., and James E. Post. 1975. *Private Management and Public Policy: The Principle of Public Responsibility*. Englewood Cliffs, NJ: Prentice-Hall.

Reisch, Marc S. 1994. "Chemical industry tries to improve its community relations." *Chemical & Engineering News* 72:2 (Feb. 28): 8-21.

"Resonsible distribution: A code for chemical distributors by chemical distributors." *Chemical & Engineering News* 71:10 (March 8): 20-1.

Russell, James W. 1984. "US sweatshops across the Rio Grande." *Bsiness and Society Review* 50 (Summer): 17-20.

Shon, Melssa. 1993. "Chemicals '93." *Chemical Marketing Reporter* 242:1 (Jan. 4): SR23-4.

Speth, James Gustave. 1987. "An environmental agenda for world business."

Across the Board 24 (March): 21-6.

Thompson, Judith K., Wartick, Steven L. and Smith, Howard L. 1991. Integrating corporate social performance and stakeholder management: Implications for a research agenda in small business. In James E. Post (ed.), *Research in Corporate Social Performance and Policy*. Greenwich, CN: JAI press, Volume 12, 207-30.

Van Buren, Harry J. III. 1995. "The exploitation of Mexican workers." *Business & Society Review* 92 (Winter): 29-33.

Velasquez, Manuel G. 1992. *Business Ethics: Concepts and Cases*, 3rd edition. Englewood Cliffs, NJ: Prentice-Hall.

Wartick, Steven L., and Philip L. Cochran. 1985. "The evolution of the corporate social performance model." *Academy of Management Review* 10: 785-69.

Wood, Donna J. 1990. *Business and Society*. Glenview, IL: Scott, Foresman/Little, Brown.

Wood, Donna J. 1991a. "Corporate social performance revisited." *Academy of Management Review* 16: 691-718.

Wood, Donna J. 1991b. "Toward improving corporate social performance." *Business Horizons* 34:4 (July-August): 66-73.

Wood, Donna J. 1992. "'Dams or democracy?' Stakeholders and social issues in the Hungarian-Czechoslovakian hydroelectric controversy." *Proceedings of the International Association of Business and Society*, Leuven, Belgium, June 1992.

第五章

管理國際性利害關係人

不談綁架、勒索等問題，貴公司的經理人知道該如何應付客戶、供應商、股東、政府機關、環保份子以及競爭對手嗎？你知道貴公司的利害關係人因國而異嗎？貴公司有沒有處理各種類型的利害關係人問題的策略和程序？

許多公司至今尚未制定明確的策略和程序管理其與利害關係人之間的關係。道理很簡單，因爲在母國當中（不管在哪一個國家），企業與利害關係人的關係不僅複雜，而且很難掌控。對全球市場上的跨國企業而言，確認、追蹤和處理全球性的利害關係人更是一個龐大的問題；儘管如此，利害關係人對企業的決策程序有絕對的影響，沒有一個企業經理人或企業組織能忽略其存在。

本章將說明企業的利害關係人模型，闡釋它如何立基於舊的新古典理論和行爲理論；本章也會檢視企業與利害關係人的特定關係，顯示管理利害關係人關係的複雜性與難度，以及其潛在的豐碩獲利。利害關係人與國際利害關係人的確認和描繪程序也是本章考察的重點。文中將列舉數例，說明：企業的重要利害關係人隨著文化的不同而異、一個世界性的利害關係人如何在世界各地擁有利益和權力關係、以及利害關係人關係如何隨時間而改變。最後，我們會檢視利害關係人特性的動態模

型，俾益我們預測利害關係人會在何時以何種方式取得其利益。

企業的利害關係人理論

企業的利害關係人理論描述這種形象：企業組織的生存與運作是鑲嵌在它和其他社會團體與組織共築的關係網絡中。在介紹這個理論之前，得先說明該理論為何如此重要。許多理論雖然在二十世紀陸續被提出，但是支配管理思想的企業理論卻只有兩種──新古典經濟理論和行為理論。由於這兩種理論都有嚴重缺陷，因此有必要建構一個周延的企業理論。

企業的新古典經濟理論

傅利曼（Milton Friedman, 1962）等經濟學家認為，企業理論的基礎是代表企業利益的經理人展現理性與自利行為。企業的利益等同於企業雇主和股東的利益，而且被認定是純經濟性的。意即，雇主關注的是利息和股價上漲這類財務利益，而企業經理人有義務努力取得該項利益。據此而論，經理人必須做出極大化股東長期財富的決策。

當前的新古典理論強化了金融領域，並影響大多數其他的管理思想與實務領域，也影響了公司法。經濟學後續的理論發展，包括公共選擇理論（public choice theory）、交易成本經濟學（transaction cost economics）和代理理論（agency theory），都是追循理性自利和經濟價值極大化的主題。新古典經濟理論的缺點經常被廣泛討論（參考Galgraith, 1975; Thurow; 1983），簡言

之，這些缺點包括(1)未能說明外部性（externalities）——企業的經營成本不是由購買產品或服務的消費者承擔；(2)面對既不是經濟性，也不是自利性的個體或集體的價值或選擇（譬如精神價值或利他選擇），新古典理論無力調和，以及(3)過度簡單的看待企業環境中人與組織的關係。

此外，新古典取向容許甚至提倡以非常短淺的眼光看待利害關係人財富極大化，鼓勵企業經理人援用簡單的基本原理忽略企業行為造成的長期結果：如果人們憂慮這些結果，他們自然會努力避免這些結果的出現，而後市場力量會自動調整價格和需求。這麼說來，假如市場真的想要減少環境污染，這個市場（也就是指數百萬名個體消費者）將願意以較高的價格購買較不會污染環境的商品和服務。然而，該模式並未正視人們因為資訊不足，無法瞭解自己購買的產品究竟會對環境產生何種影響。同樣的，該模式也沒有考慮到長期的市場調整伴隨而來的短期成本。更嚴重的是，該模式沒有考慮到當人們意識到自已的行為對環境造成危害，願意付出代價解決問題，但發現為時已晚的可能性。也就是說，在完全的自由市場體制下，環境問題無法受到保障。

以市場為基礎的企業行為理論仰賴充分且正確的資訊，一旦這種資訊無法取得，市場機制就無法達成社會目標。這些理論也依賴這些預設：人們的動機和行為是理性且自利的，並帶有個人主義風格。當這些預設無法滿足（譬如當行為是由精神或情緒所驅動、或是具有他利或合作的屬性時），市場理論便無法解釋人類行為或企業行動。

企業的行爲理論

　　相對於新古典主義學者，Cyert和March（1963）提出企業的
行爲理論，其理論基礎在於：經理人也是人，他們(1)不會完全
依照理性原則行事，以及(2)在正式組織利益之外擁有各種自私
的利益與動機，因而經理人無法充分爲股東謀取最高利益。行
爲主義者也指出，爲股東謀取最大利益是一項不可能的任務，
因爲經理人不可能掌握與複雜決策有關的所有資訊，也無法就
其所得資訊進行充分的整理和分析——他們僅能依據「有限理
性」（bounded rationality）行事，完全理性是不可能的事。同樣
的，經理人也不可能完全以雇主的利益爲依歸，因爲他們得實
踐許多的個人利益。所以，經理人只能做出可令人接受的決策，
不會極大化股東和雇主的利益。

　　企業的行爲理論重視交際手腕、知覺限制以及對人類和組
織行爲的非經濟性影響。企業的行爲理論優於新古典理論的部
分在於它能揭開真實的面紗，而不是以各種與決策無關的假設
性因素作基礎。然而，企業的行爲理論與新古典理論一樣，都
只能狹隘地將焦點集中於企業本身，無法擴展到組織之間與社
會網絡這些與企業關係密切的範疇。

企業的利害關係人理論

　　近年來，研究企業與社會的學者已跳脫新古典理論與行爲
理論的框架，進入企業的利害關係人理論。利害關係人理論能
夠更精確地呈現現實世界的風貌，並提供一個完整的理論架構，

瞭解企業組織與其他社會機構和各種環境的複雜交織情勢：

> 如果企業經理人只瞭解消費者、員工、供應商、雇主和國
> 內競爭者之間的傳統關係，他們會很訝異周遭世界還有政
> 府、消費者保護團體、環保分子、恐怖分子、媒體、地方
> 社區、外國競爭者和其他與其產生利害關係的團體。傳統
> 上被視為是以獲利為目標的企業策略以及社會需求之間，
> 總是存在著緊張關係。（Freeman and Gillbert, 1987: 397.）

　　雖然有些學者早已使用利害關係人概念（Ackoff, 1970），但
是傅立曼（R. Edward Freeman, 1984）卻首次有系統的將此概念
發展企業的利害關係人理論。傅立曼（1984: 24）將利害關係人
界定為「在企業達成目標的過程中受到影響，或影響企業達成
目標的任何團體或個人。」這個定義非常廣泛，能夠涵蓋所有
類型的團體，同時又不會狹隘地鎖定某些特定的利害關係人。
以雇主為例，他的利益向來都被視為企業營運的主要目的。對
企業經理人來說，在各種相互競爭的利益中取得並維持平衡，
而不以追求單一利害關係人的最大利益為目的，就是利害關係
人理論的核心概念。

　　利害關係人概念現在普遍受到企業經理人的歡迎，這些關
係意指許多事物：不同的利益、施與受、潛在衝突、組織行動
引發的互惠或自食惡果的效應、利害關係人彼此間的關係、以
及利害關係人與核心組織之間的關係。不過，這個理論發展得
十分緩慢，原因可能在於該主題太過複雜，且大多數實證研究
只關注以量化方式測量企業績效或管理決策，而不是研究企業

與外部團體和組織的跨界關係。

　　反對新古典理論的布藍納和寇區藍（Brenner and Cochran, 1991: 453-5）已開始發展較為正式的企業利害關係人理論。他們提出四項命題，處理管理決策中利害關係人角色的需求與價值：

(1)　企業／組織為了生存，必須滿足部分利害關係人的需求。
(2)　企業／組織可透過觀察組織利害關係人的價值與利益，瞭解其利害關係人的相關需求。
(3)　企業／組織的管理包括針對不同利害關係人建構與執行選擇程序。
(4)　確認組織的利害關係人及其擁有的各種價值和利益，瞭解每個利害關係人的相對重要性，以及價值交換過程的本質，這些訊息有助於瞭解企業／組織的行為。

　　布藍納和寇區藍（1991）指出，企業的每一個利害關係人（諸如負責人、員工、客戶、供應商、社區、政府等）都可以依其握有的核心價值高低來做評價（如股息的價值、股價、勞工安全、工作保障、產品安全、產品品質等）。他們也認為，「當利害關係人的經濟價值左右其關懷，並對組織決策產生重大影響，可以使用價值矩陣預測其可能行動」（p. 457）。同樣的，當利害關係人擁有不具經濟價值但卻重要的影響力，也可以使用討價還價或倫理決策等其他選擇程序。

　　儘管利害關係人理論目前還在初期發展階段，但我們還是可以藉此理論發現部分適合經理人運用的企業利害關係人策略，後續章節將詳述利害關係人的利益與權力這兩項要素。

利害關係人及其利益

　　每一個利害關係人和企業的活動、目標、政策或生產都有利害關係（stake）。他們希望從企業當中取得直接的利益，卻也害怕失去它；他們關心這份利益是不是會被他人取走，他們想改變什麼，或者不想改變什麼。我們會在本段落介紹利害關係人盼望從企業取得的六類利益，以及兩種類型的利害關係人。

利害關係人的利益

　　利害關係人的利益與人類利益一樣複雜且廣泛。傅立曼和李德（Freeman and Reed, 1983）簡單的將關係人的利益分為權益（所有權）、經濟利益（財務或物質的）以及影響利益（政治的），不過這般分類並不足以解析錯綜複雜的利害關係人，因此我們進一步將利益分為六類，分別是物質利益、政治利益、歸屬利益、資訊利益、符號利益和精神利益。

　　物質利益。所謂物質利益係指可欲的或者得承擔風險才能取得的有形且可替代物品所具有的利益。利害關係人的物質利益可能是財務性的，如期盼累積財富或害怕失業沒有收入；也可能是非財務性的，如獲得健康照料或害怕受到職業傷害。表5.1提出一些利害關係人物質利益範例，並依關係人渴望獲利或害怕失去，以及財務性或非財務性內容分類。

　　*政治利益*係指與權力分配和使用有關的那些利益。利害關係人的政治利益經常涉及公共政策，包括立法、管制、法律權力、司法判決，也就是與公權力的分配和使用有關。這類利

表5.1　利害關係人的財務性和物質性利益：範例列舉

	期待獲得	害怕損失
財務性利益	累積財富	退休基金價值縮水
	分配股息	收入減少
	股價上漲	失業
	收入和獲利	資產縮水
	降低成本	
	資產增值	
非財務性的物質利益	取得完善、有能力負擔的健康照顧	工作場所的衛生或安全風險
	清淨的空氣和水質	污染影響健康

益也和公共政策的形成有關，利害關係人會找尋管道和使用權力影響公共政策制定者，以便達成其所欲目的。利害關係人也相當關切公司內部、公司和外部團體之間的權力配置，前者譬如惡意收購控制董事會，後者譬如外部團體試圖影響企業的慈善捐獻政策。

　　歸屬利益。人們希望歸屬於某個群體，希望成爲較大社會網絡的一員，希望能與其他人產生連帶，人們因有這類需求而產生的利益稱爲歸屬利益。關心歸屬利益的關係人在意的議題包含：企業如何與當地社區的社會組織與價值觀相互結合、員工有沒有機會與同儕交流、有沒有機會與企業中的其他人一樣，歸屬於相同的社會團體。

　　資訊利益與新聞、事實、意見、資料、研究發現等等有關。知識的取得幫助利害關係人發覺他們在企業內部，以及在行動決策中的其他利益，並據以監督組織行動的其他相關層面。意

見的取得也是基於相同原因，只是在這種情況下，較重要的考量是社會網絡的本質，而不是手邊議題的實際狀況。具有資訊利益的利害關係人會試著讓企業的資訊更透明化。

符號利益源自艾德曼（Murray Edelman, 1964: 6）的作品，係指可以引發「某種態度、某種印象或者透過時空、邏輯或想像而建構事件型態」的，對公司帶來的利益。艾德曼又進而將符號分為兩種：**參考性符號**（referential symbols），泛指事實、事件和議題，或情境本身；**簡化性符號**（condensation symbols），係指喚起與情境相關的情緒（1964: 6）。艾德曼強調，美國公民能夠參與公共政策的決策是具重大象徵意義的。也就是說，美國公民參與決策並不會對財務或物質資源的分配造成重大影響，但是美國公民若能象徵性的確認政府的確依法行政，並朝滿足人民需求的方向努力，他們就不會有任何的異議。

符號利益的概念很容易延伸到企業與利害關係人之間的關係。部分利害關係人也許對企業如何分配其財務、物質或人力資源漠不關心，但卻很在意企業的社區形象、商譽好壞、工作環境，甚至還關心企業對國家、主流文化或宗教的認同感。利害關係人在這方面的的需求可以很容易透過公關手段達成，只是公共關係還是得有優良的表現紀錄作為後盾。

精神利益包含深邃的意義、宗教或複雜的價值、對上帝的信仰以及對自然或宇宙的感同身受等等。利害關係人的精神利益常因倫理認知問題而時有衝突，是非定義的深層考慮通常也離不開精神或宗教。與企業有關的精神面議題經常涉及生與死：如器官移植和「培養」、透過科技延長人的壽命、以及現代的複製科技等，都是精神利益關心的議題。不管是站在贊成或反對

的立場，許多人對這些問題的看法都是源自個人信仰。

利害關係人的權力基礎

　　布藍納和寇區蘭（1991）認為，傳統的利害關係人分類方式（如雇主、員工或客戶）可能必須依據關係人的利益與價值重新區分。不過，這種吸引人的想法可能不夠深入，若要勾勒利害關係人的輪廓，還得注意利害關係人對企業造成的影響及其權力類型。傅立曼與李德（1983）站在這個立場，從歷史發展的角度出發，分析利害關係人的權力與利益如何隨著商業環境的日益複雜而跟著轉變。

　　傅立曼與李德提出利害關係人對核心企業擁有的三種權力類型。首先，在企業中有管理職務的利害關係人擁有*正式權利*或*投票權力*。在股份公司裡，這類型的利害關係人是指股東及其在董事會的代表；在共同決策的公司裡，指的是股東、行政經理、員工代表和董事。其次，那些有能力影響公司成本及收入結構的利害關係人擁有*經濟權力*，包括消費者、供應商、債權人和員工。第三，那些有能力利用公共政策程序，影響企業經營條件的利害關係人擁有*政治權力*。

　　利害關係人的權力來源關係到核心企業及其經理人如何妥善處理與利害關係人的關係。例如，傅立曼與李德指出，當今的權力分界相當模糊，譬如擁有企業股票的活躍份子可以在股東大會上行使投票權，股東組成遊說團體行使政治權力，具有政治影響力者會改變企業組織的經營條件。

　　對部分企業經理人而言，由於利害關係人團體的角色愈來

愈多元，所以分析利害關係人涉及的多重利害關係也會變得更複雜。例如，透過員工配股計畫（employee stock ownership plans），員工也是公司的所有人；假設員工／所有人也購買公司生產的產品（如三菱、富豪或福特組裝線工作的工人購買三菱、富豪或福特生產的汽車），那麼這個利害關係人就兼具員工／所有人／客戶三重身份。如果這個利害關係人團體住在工廠附近，關係的複雜程度就會擴及員工／所有人／客戶／社區成員。環保份子以及地方議會的民意代表也有類似多重身份，也就是說，利害關係人透過多重角色的扮演會有累積權力的功能。

主要利害關係人

克拉遜（Max Clarkson)對利害關係人理論貢獻良多，他擴大了利害關係人的界定範圍，也實際指出主要的和次要的兩類利害關係人。克拉遜將利害關係人定義為（1995: 196）：

> 利害關係人係指個人或團體在過去、現在或未來對企業及其活動擁有所有權、權利或利益。這類宣稱的權利或利益來自於與企業的交易結果或企業採取的行動，也許合法、也許合乎倫理，也許是個人，也可以是團體。有相同利益、主張或權利的利害關係人可以歸類成同一團體：如員工、股東、消費者等等。

主要的利害關係人指的是「企業若缺乏這群人的持續參與就無法成為永續經營公司（going concern）」（Clarkson, 1995:

106）。主要利害關係人至少包括企業所有人、員工、消費者與
供應商；部分學者（如Freeman和Gillbert, 1987）認為，甚至連
競爭對手都可算是主要利害關係人，不過本章以政府取代競爭
者，理由是競爭者並非是企業環境中不可或缺的一部分，倒是
政府對於企業經營一直扮演社會控制的角色，並制定重分配政
策。

　　企業所有人係指擁有公司股票，或提供企業資金者；形式
上說來，在部分資本主義經濟中，管理階層通常認為股東是企
業唯一的利害關係人團體。而股東關心的利益，又被假定是絕
對財務性的，如股價上漲、分股利、企業獲利。然而，近年來
不只是利害關係人團體的層面擴大，就連企業所有人關心的利
益也在悄悄改變。例如，有些人買進股票只為了接近管理階層，
在企業一年一度的股東大會上發言，提供其他股東一些投票建
議，並試圖影響管理階層改變公司的程序或政策。在美國，異
議股東還包括擁有大量公司股票的法人股東，當他們對公司獲
利狀況不滿意時，因為手中持股部位很多，殺出股票會造成損
失，因此這些法人會積極參與企業的管理，不只經常造訪公司，
還會要求公司經理人採納一些他們認為對公司有利的建議。

　　某些企業的員工對其職業、獲利和所得也有物質性的利害
關係，這些員工因職業特性與社會網絡連結，擁有歸屬利益、
各種不同類型的資訊利益（如健康與安全環境，與工作有關的
知識），並在其所處職位與如何完成責任的個人與社會意義上，
擁有符號利益。此外，當外部利害關係人試圖影響企業運作，
以及企業思考該如何經營才能達成影響決策時，此時企業員工
擁有政治利益。

　　同樣的，對消費者來說，企業經營實際上也會產生各種形態的利益，雖然其需求主要是物質性和資訊性兩類。不過，當消費者想根據企業對環境的影響來選擇產品時，符號利益似乎就變得重要。例如，作家布魯斯（Leigh Bruce, 1989: 25）在書中提到,「不管是好是壞,愈來愈多消費者在購買商品之前會問：『這家公司環保嗎？』」像美國企業良心排名（Ratting America's Corporate Conscience）（Lydenberg, et al. 1986）以及消費新世界（Shopping for a Better World）（Lydenberg, et al. 1988, 1989, and 1991.）這類消費指南也突顯符號價值對消費者的重要性漸增，其所提出的資訊被冠上一個頭銜：企業的「社會責任」，例如婦女與少數族群及經理人、企業參與武器製造與核武、商品安全、員工安全與健康以及環保記錄等。

　　供應商與企業的利害關係涉及物質利益和資訊利益，甚至還牽扯其他利益的糾葛。在國際企業環境中，當地企業無法完全按照自己希望的方式來做生意，因為要顧及企業型態上的文化差異。但是培植並借重當地企業仍然很重要，因為當地政府可能有獎勵與當地業者合作的法令；或國外的供應商無法在當地的科技和市場狀態下提供服務。海巴格（（Highbarger, 1988:48）指出，某個企業試圖在許多國家中建立一套良好的溝通與管理資訊系統：「但若無法掌握當地市場、販售、語言與傳統，光是處理硬體、軟體及電訊設備等工作就會壓垮一家公司」。

　　從許多層面來看，政府與企業之間也有利害關係。企業提供社會的經濟基礎，而政府則基於經濟健全與維繫社會與政權的立場，一方面扶植企業，一方面也對企業加以管制。在某些社會中，政府甚至透過中央計畫機制及國營事業控制國內經濟。

次要的利害關係人

　　次要的利害關係人是指「沒有直接參與企業經濟活動，但卻能對企業產生影響，或被企業影響的人」（Wood, 1990: 85）。總括來說，次要利害關係人可以是任何一個組織或團體。在美國，典型的次要利害關係人包括媒體、環保份子、消費者保護成員、競爭對手、財務分析師和經紀人、債權人、社區以及非營利性團體（義務性組織）。而在世界上其他國家，次要利害關係人含括的層面更廣，稍早前我們在第四章曾提及，在中美洲、非洲、中東或東南亞等特定地區從事企業活動的公司，其利害關係人還包括恐怖份子、宗教界人士、衛生安全工作者、海關官員、各種不同政黨、革命政府、外交官、間諜、軍事派系、軍火走私份子等等。至於在愛爾蘭共和國境內的企業，他們的利害關係人可能包括天主教與路德教會以及宗教相關團體。在日本經商得將企業間的內部組織系統（kereitsu）視為重要的利害關係人；而與中歐及東歐有經貿往來的企業，其利害關係人名單應包括科學研究機構與學院、勞工議會、不同的綠色團體、北大西洋公約組織（NATO）、以及歐洲議會與委員會等。

　　次要利害關係人的另一個有趣的特色，那就是他們影響企業的權力也是間接和次要的。當主要利害關係人對企業的管理成效不滿時，他們會向誰求助？是媒體、活躍份子、對手還是自願性組織？都不是，他們會直接找上管理階層或董事會。次要利害關係人可能有某些方式可以直接影響企業決策，但是他們只有間接管道能接觸決策制定，不過這並不會減損其影響力，譬如媒體或恐怖組織的權力即可明證。

描繪國際利害關係人的關係

在國際情勢上，確認和管理利害關係人相當複雜。原因之一是，經理人在異國文化中也許會遇到在母國投資環境中前所未見的利害關係人團體。例如，當一家沙烏地阿拉伯公司在蒙特婁開商店，首度遇上女性團體的抗議行動會有多麼訝異！此外，全球的利害關係人及利害關係人團體的文化差異，也讓問題更為複雜。在此我們要深入探討問題，刻畫出確認全球利害關係人的程序，並描繪其關係圖。

全球利害關係人

就如同企業著眼於全球展望和全球市場，利害關係人的成員、利益與行動也是世界性的。全球性利害關係人係指對企業活動具有跨國利益且擁有跨國身分的團體或組織。

全球環保利害關係人可能是最常見的全球性利害關係人，新聞媒體經常大篇幅報導這類團體，如綠色和平組織和世界野生動物聯盟的活動，現在就連企業都必須關心他們的一舉一動。由於全面意識到污染問題對全球生態的影響日漸增加，環境利害關係人因而會未來會投入更多心力，關注國際企業的運作會不會影響生態。最近很多環境相關議題可以看出此一趨勢：海外和境外有毒物質的運送、漏油事件和核能外洩意外等環境災難、已開發國家將境內危險性廢棄物轉運到開發中國家、地底含水層與水源的污染、第三世界國家放棄污染管制以換取經濟成長、以及國際為防止雨林、濕地和其他重要的自然資產遭破

壞所採取的保護措施等。

　　史派司（1987：21）在觀察環境保護論點之後發現，環境保護這個以往只限於工業化國家的現象，現在已經擴展到全世界：

　　因為1984年印度波帕爾事件，以及都市污染與土壤和森林被破壞等事件一一發生，使得60年代在美國得到廣大支持的環境保護行動主義，現在也在第三世界國家廣受歡迎。現在，當地政府對於環境保護採取斷然措施，不只是對投資的環境管制增加，就連投資計畫中也必須列出環境影響評估，公布環境風險係數。

　　這個觀點在近年已經獲得聯合國環境發展會議（UNCED）秘書長史壯（Maurice Strong）的支持，他相信：

　　我們已經過渡到一個全新的時代，環境議題逐漸成為經濟生活的導引，在經濟上轉換到正確適當的發展，對經濟發展的可能性和生活環境的安全性都是不可或缺的。每一個受到環境議題衝擊的企業都必須接受一個事實，那就是，企業交易勢必會受到環境影響（United Nations, 1993:1）。

　　全球政治利害關係人可能有各式各樣不同類型。像國際共產黨這類政體可被視為全球利害關係人，其利益不會狹隘地侷限在單一國家，而是會擴及整個區域或大陸。像北約這類國際軍事聯盟也會影響企業決策，即便與國防工業無關的企業也會受到影響。像國際法庭、聯合國這類國際政治實體，以及歐盟、

北大西洋公約組織和拉丁美洲的許多經濟性社團，都會影響多國籍企業的運作、決策和生產。

　　有些人認為，國際恐怖份子組織無論攻擊過多少國家，或其組成份子來自哪裡，都可以稱得上是政治利害關係人。不過我們寧願將他們特別分門別類，而且對他們以暴力作為達成目的手段的行徑不予苟同。僅管全球都致力於去除恐怖份子威脅，並教導企業和政府代表自我保護，不過恐怖份子採取的報復行動卻未曾減緩，國際經理人不能掉以輕心。以1993年紐約世界貿易中心爆炸案為例，恐怖份子的行動首度進入美國本土，緊接著1995年奧克拉荷馬市聯邦大樓爆炸案，更讓美國人經歷前所未有的恐慌。

　　全球宗教利害關係人可能是最常被美國經理人與學者忽略的一群。然而，宗教對全球各地公共政策、社會組織和政府活動，甚至是經濟活動的影響卻是清晰可見。最震撼性的一個例子是回教基本教義派團體對「魔鬼詩篇」作者魯西迪（Salman Rushdie），以及該書的發行人、配銷商等下達的全球追殺令；魯西迪的著作遭回教基本教義派指控褻瀆神明，「魔鬼詩篇」的發行人和書籍零售業者陷於出書與否的兩難。也有作者因言論中涉及宗教而被處死，例如孟加拉的Taslima Nasrin，他在著作中提到印度人攻擊印度的清真寺以及回教對女性的不平等待遇，引來基本教義派的暴力攻擊。另一項遭到全球宗教利害關係人在政治和社會上群起反對的，就是製藥公司將避孕用具與避孕藥賣給天主教國家的人民。

　　在不同環境中，全球性利害關係人的代表人物也不同，有的是當地民眾，有的是外國人士，有些則是這兩者的混合體。

全球性利害關係人由於種類紛雜，因此很難確認。例如1980年代末期，匈牙利在多瑙河的大型水力發電計畫引發政治活躍份子與環保份子角力，當地與西德的綠色組織支持環保人士的主張，但是在早期只有奧地利的示威人士在建築工程附近抗議，捍衛匈牙利環保份子的訴求，反對當地政府的計畫。

利害關係人環境中的跨文化差異

在圖5.1當中，我們可以看到一個多國籍公司在兩個不同國家經營的範例。母國和另外兩國的利害關係人輪廓不盡相同。顧客和企業所有人在母國，員工聘雇自B國，供應商來自於C國。由此圖可知，企業資本主要來自本地的所有人，主要供給本國市場之需求；不過，公司營運所需的原料由C國供應，至於生產與包裝則在B國進行。

現在，就讓我們來看看為何利害關係人在這三個國家各有不同面貌。在母國，企業所有人希望公司分配股息、股價上漲，並從中獲取財物和福利；顧客要求產品的特質、品質、價格、包裝和安全；政府實施的限制包括管制、課稅和貨幣政策等等，利害關係人的利害關係形形色色。

不過在B國面臨的情勢就有點不同。在B國設廠的企業同時有勞工與當地社區的利害關係人。由於B國設立國教，這意謂對勞工與社區關係有特定的限制，這是企業在其母國未曾有過的經驗。雖然企業在B國沒有客戶與貨主，但卻有許多擁有相同生產設備的競爭對手。企業若想在B國贏得競爭優勢，就得設法處理政府及勞工的關係，而非滿足客戶與市場。

圖5.1　描繪國際性的利害關係人

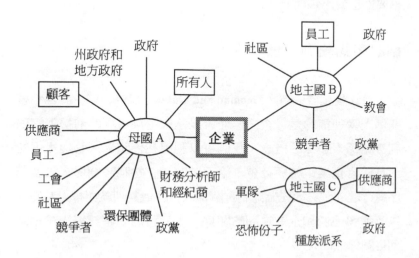

最後，我們看到這家企業在C國設立小型的採購辦事處，源源不絕地提供企業營運所需原料。這家公司在此地僅雇用少許員工，雖然其採購總額對C國經濟成長貢獻良多，但企業名聲在當地社區並不響亮。這家企業在C國不必煩惱當地的客戶和貨主，也無需面對環保和消費者保護團體的抗議。不過另一方面，C國卻有其他地方沒有的利害關係人關係：C國的政權不穩定，經常受到其他政治力量挑釁、少數派系爭鬥以及謀奪政權的軍事力量威脅。部分動亂源自恐怖主義，有些恐怖主義團體還以C國作為指揮總部。企業永遠都不知道自己在C國設廠到底受不受歡迎，而處理如此繁複的利害關係人關係，也絕不是經理人在學校上過幾堂課就能應付。

圖5.2清楚顯示，倘使經理人認為描繪國內利害關係人就足以知悉國際利害關係人關係，他肯定會犯下錯誤。原因在於，

不僅利害關係人的面貌會因國而異，就連利害關係人對企業的
重要性也會因國而異。

確認與描繪利害關係人

傅立曼和吉伯特（Freeman and Gilbert, 1987: 397）認為利害
關係人管理指的是「企業經理人以達成企業目標的前提下管理
利害關係人關係的概念，我們可以利用利害關係人管理提供的
工具結合企業策略與社會、倫理議題。」在利害關係人管理程
序進行之前，必須先確認利害關係人、評估其利益與權力基礎、
以及瞭解他們和企業之間的關係。本節將研究確認與描繪企業
利害關係人的程序。

(1)確認利害關係人團體。要管理利害關係人，首先要非常
精確的掌握誰是企業的利害關係人。客戶或員工雖然明顯是企
業的利害關係人，但最好儘可能的明確指名（例如是什麼樣的
工會和非組織性勞工團體；或者是地方、地區、國家、跨國政
府機關）。經理人必須注意，即使是不在預定名單上的利害關係
人，也可能是重要的關係人，千萬不可以掉以輕心。例如，一
般經理人認為所謂的供應商類別的利害關係人，不外是銀行（提
供融資）和保險公司（提供風險控管），但不可忽略那些可能會
突然採取特別行動的潛在利害關係人。以美國反墮胎勢力為例，
他們就是瞬間出現，成為大型企業捐助家庭計畫活動的利害關
係人。

(2)有什麼利害關係？接下來，要分析利害關係人有哪些利
益與企業的任務、運作和目標有關。有些利害關係人的利益很

容易確認，只要光看其類型就能知道，譬如顧客通常注重產品或服務的品質、價錢、耐久性、便利性和對環境的影響等問題。至於在其他的利害關係人團體中，可能要透過與當地民眾深入訪談，瞭解這個國家最近發生什麼事、當地民眾關心些什麼、政府如何運作、哪些政黨與宗教團體勢力龐大等，才能發掘出利益與係人與企業的利害關係。也就是說，當地的資訊提供者較能指出外來者所無法察覺到的利害關係。

(3)**利害關係人的權力基礎**。依據傅立曼和李德（1983）的分類，利害關係人是否擁有正式（投票）權力、經濟權力或政治權力，或者這三者兼而有之？有投票權的利害關係人通常需要被告知企業的經營現狀和決策程序。具有經濟權力的利害關係人需要進一步探索其寓於企業中的利益何在，並儘可能施展其影響力取得利益。至於具有政治權力的利害關係人，通常不會以取得資訊或經濟利益為目的，他們會透過正式和非正式的管道對企業做出最佳回應。

(4)**利害關係人的特質**。相要瞭解企業的利害關係人，除了利益關係和權力基礎之外，還有其他有用的方式。利害關係人存在的任務和理由為何？利害關係人團體是有組織的團體或只是有類似利益的一群人？利害關係人來自當地還是全球各地？規模有多大？成員有哪些？與社會權力結構有無關連？資金來源為何？如何運用資金？只對單一議題有興趣，還是關心多重議題？一一回答上述問題，企業經理人就能抽絲剝繭地找到最佳管理利害關係人的決策。

(5)**利害關係人之間的關係**。利害關係人的組成一般都圍繞著企業，事實上這個概念只是分析利害關係人的起步。試想有

可能以企業為核心，所有的利害關係人都圍繞著企業，並且只與企業互動嗎？當然不可能。利害關係人團體彼此間也會相互關連，環境中的其他團體或組織也許與企業的利害關係人無關，但是當他們與企業利害關係人產生關係時，對企業也會造成影響。回想前面提到，企業利害關係人理論的優勢在於包含企業所在環境的複雜組織。公司及其利害關係人之間的關係錯綜複雜，在某單一網絡所採取的行動會影響到社會網絡裡某個遙遠的角落。

為了刺激經理人思考如何把自己概念化為利益關係人之一，圖5.2以政府的管制部門作為利害關係人藍圖的核心，讓企業經理人扮演的利害關係人的利害關係人角色。

(6)時間會改變利害關係人的關係。最後，時間因素也是考量企業利害關係人的重要指標。利害關係人團體並不會永恆不變，他們會出現、消失；他們的利益會改變；會隨著與他人結

圖5.2　想像經理人作為利害關係人之一

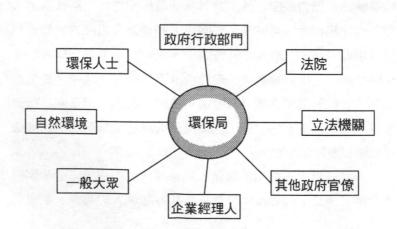

盟與否而成長或消弭；他們會改變從經濟或政治上取得的支援；他們的成員以及相關利害關係和權力基礎都會改變。因而，勾勒利害關係人需要注意到特定的時間與文化因素，且需要隨著國情的變化更新其社會和政治條件。

預測利害關係人活動

　　米契爾、安格爾和伍德（Mitchell, Agle and Wood, 1997）提出一個強而有力的模型，以是否擁有正當性、急迫性和權力這三個特質為基礎，用以瞭解和預測利害關係人的活動。本節將解釋該模型，並說明它如何幫助經理人瞭解問題。

　　圖5.3指出三種利害關係人的基本特性：利害關係人的主張是否具有*正當性*、利害關係人影響企業行為的*權力*、以及利害關係人要求的*急迫性*。

圖5.3　具有二、三種特質的利害關係人類型

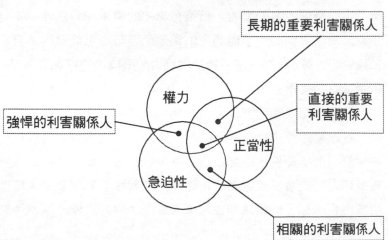

　　長期性的核心利害關係人指的是那些擁有權力和正當性，但卻沒有並不急切者，大多數的公司都能認出這類型的利害關係人，並會以適當的程序處理其利益及關心事物。這類型的利害關係人可能不會受到太多關注，除非他們的要求轉爲急迫性，轉型爲立即利害關係人團體。依賴性利害關係人有合法的立場，要求也迫在眉睫，但卻沒有權力去影響企業，只得和其他有權力的利害關係人結盟。最後，有權力影響企業，且有急迫要求但卻沒有合法立場的利害關係人，爲了達成其利益，可能會採取暴力或壓迫式手段。

　　圖5.4顯示其他只有單一特性的利害關係人類型，要求式利害關係人有迫切的需求，但沒有權力或適法性；呼籲重視千禧年問題的人就是此類型的最佳典範。自由式的利害關係人有合法的立場，但卻對影響企業無能爲力，同時也沒有迫切性的需求；如交響樂團或不同的慈善團體，企業贊助其活動或共同發展計畫，但兩者之間的關係完全出自自願。最後是休止性的利害關係人，這類型的人屬於沈睡型的利益關係巨人，他們雖然擁有足以影響企業的權力，但沒有急迫的需求和合法性，不過企業偶爾必須關心一下他們，因爲他們隨時有可能甦醒，發現某種急切的需求，並且直接轉變成暴力或壓迫式的利害關係人，對企業造成威脅。

　　除了長期性的利害關係人認爲其利益可以在企業中滿足之外，在三種特性中擁有兩種的利害關係人可能想要取得自己所缺少的另一項特性。根據這項理論可以得知，暴力或壓迫式利害關係人可能會試著透過政治途徑，或與核心利害關係人結盟以取得合法性。仰賴式利害關係人會設法得到影響企業運作的

圖5.4　單一特性的潛在利害關係人

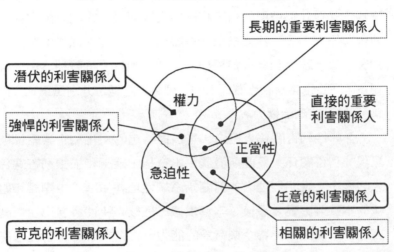

權力。潛伏性利害關係人天生就比較不穩定，若取得了另一項特性，它將變成一個積極的利害關係人團體，不過它無論是成為暴力型利害關係人（取得急切的需求和權力，但不合法），或仰賴式利害關係人（取得合法與急切需求，但卻沒有權力），或長期核心利害關係人（有權力和適法性，但卻不迫切的），對企業及其經理人來說是有差異的。

　　利害關係人特性的預測模型讓經理人深刻瞭解：利害關係人不只包括「客戶」和「政府」此種一般類別，而且還得依照不同類型的利害關係人採取不同的管理程序和決策。

結論

　　本章旨在檢視企業利害關係人理論，說明該理論能提供一

個更實際且有用的基礎，較諸新古典主義或行為主義理論更能
瞭解企業與外部環境的組織和團體之間關係。在主要與次要的
利害關係人部分，我們指出利害關係人利益的六種基本類型：
物質利益、政治利益、歸屬利益、資訊利益、符號利益和精神
利益，同時也論及利害關係人的三種權力基礎，分別是正式（投
票）、經濟或政治權力。

全球性利害關係人概念，是根據特定的文化和企業組織所
呈現的利害關係人藍圖所發展。本章指出確認和描繪利害關係
人的程序，說明經理人如何開始系統性地評估環境中團體和組
織的本質與影響。最後，本章根據三種核心特性發展出預測利
害關係人模式：影響企業行為的能力、在企業中有正當性基礎
地位和急迫性需求。

企業在密集、複雜的利害關係人關係網絡中運作的知識也
許是二十世紀管理思維最重要的發展之一。利害關係人理論仍
在發展，許多測量和概念化的問題仍有待解決。然而，對國際
性經理人而言，對利害關係人關係的理解決定了企業在跨文化
社會中投資的成敗。

參考書目

Ackoff, Russell, 1970. *A Concept of Corporate Planning*. New York: Wiley.

Brenner, Steven N., and Philip Cochran. 1991. "The stakeholder theory of the firm:
Implications for business and society theory and research." *International
Association for Business and Society Proceedings* (Sundance, Utah): 449-67.

Bruce, Leigh. 1989. "How green is your company?" *International Management*

(Jan.): 24-7.

Clarkson, Max B. E. 1995. "A stakeholder framework for analyzing and evaluating corporate social performance." *Academy of Management Review* 20:1 (January): 92-117.

Cyert, Richard M., and James G. March. 1963. *Behavioral Theroy of the Firm.* Englewood Cliffs, NJ: Prentice-Hall, Inc.

Edelman, Murray. 1964. *The Symbolic Uses of Politics.* Urbana, IL: University of Illinois Press.

Freeman, R. Edward. 1984. *Strategic Management: A Stakeholder Approach.* Boston: Ballinger (currently New York: HarperCollins.)

Freeman, R. Edward, and Daniel R. Gilbert, Jr. 1987. "Managing stakeholder relationships." Pp. 397-422 in S. Prakash Sethi and Cecilia M. Falbe (eds.), *Business and Society: Dimensions of Conflict and Cooperation.* Lexington, MA: D. C. Heath.

Freeman, R. Edward, and David L. Reed. 1983. "Stockholders and stakeholders: A new perspective on corporate governance." In C. J. Huizenga (ed.), *Proceedings of Corporate Governance: A Definitive Exploration of Issues.* Los Angeles: UCLA Extension, 1983.

Friedman, Milton. 1962. *Capitalism and Freedom.* Chicago: Univ. of Chicago Press.

Galbraith, John Kenneth. 1975. *Economics and the Public Purpose.* New York: New American Library.

Highbarger, John. 1988. "Diplomatic ties: Managing a global network." *Computer World* 22:18 (May 4): 46-8.

Lydenberg, Steven D., Alice Tepper Marlin, Sean O'Brien Strub, and the Council on Economic Priorities. 1986. *Rating America's Corporate Conscience.* Reading, MA: Addison-Wesley.

Mitchell, Ronald K., Bradley R. Agle, and Donna J. Wood. 1997. "Toward a theory of stakeholder identification and salience: Defining the principle of who and what really counts." *Academy of Management Review* 22 (October).

Lydenberg, Martin, Alice Tipper, Jonathon Schorsch, Emily Swaab, and Rosalyn Will. 1991. *Shopping for a Better World*. New York: Random House. Council on Economic Priorities, Ballantine Books.

Speth, James Gustave. 1987. "An environmental agenda for world business." *Across the Board* 24 (March): 21-6.

Thurow, Lester. 1983. *Dangerous Currents: The State of Economics*. New York: Random House.

United Nations Conference on Trade and Development Programme on Transnational Corporations. 1993. *Environmental Management in Transnational Corporations: Report on the Benchmann Corporate Environmental Survey*. New York: United Nations.

Wood, Donna J. 1990. *Business and Society*. New York: HarperCollins.

Wood, Donna J. 1992. "'Dams or democracy?': Stakeholders and issues in the Hungarian-Czechoslovakian hydroelectric controversy." Proceedings of the International Association for Business and Society, Leuven, Belgium, pp. 139-48.

第六章

微觀層次的議題：倫理與價值

假設，特別獻金在某個國家可以幫助或加速政府決策的制定，
當你身爲一家跨國公司的行銷總監，某日該國部長向你表示，
他可以協助你獲得總值一億美元的合約，你的公司至少可以
獲利五百萬，不過你得支付他二十萬美元的顧問費。這個時
候你會怎麼做？

(a) 付錢，認爲這個行爲在該國是符合倫理的。

(b) 付錢，認爲這並不符合倫理，但爲了提昇業績不得不爲。

(c) 不付錢，即便公司可能因此無法獲利甚至蒙受損失。

　　這段短文出自一項被廣泛引述的企業倫理研究（Brenner &
Mollander, 1977），哈佛企業評論雜誌（Harvard Business Review）
以這篇短文詢問5,000名讀者（1,227人填答），請教受訪者在面
臨這般情境時會如何選擇，以下是受訪者作答的情況：

● 　36%選(a)

● 　22%選(b)

● 　42%選(c)

選擇「不付錢」的受訪者所占比例與選擇「付錢」的受訪者（不論該行為是否符合倫理要求）比例相差不大，不過，如果把上述問題改為「你認為一般經理人會怎麼做？」，答案的比例分佈就變成：

- 45%選(a)
- 46%選(b)
- 9%選(c)

近半數的受訪者認為他們的同僚（其他經理人）會支付這筆獻金，即便這個行為在同僚眼中是不符倫理的。

由此看來，許多（可能是大多數）企業主管認為自己的倫理感比同僚來得強，他們自認可以在面臨犧牲的情況下做出「正確的抉擇」，但卻認為別人追求個人或組織利益的做法是有問題的：「面臨倫理難題，經理人自認能做出正確選擇，卻不認為同僚也能做出如此的反應」（Brenner & Mollander, 1977）。最近一項分析執業會計師（Certified Public Accountant）的倫理行為研究發現：「合格會計師傾向認為自己的倫理感高過於同儕」（Ward, Ward & Deck, 1993: 601）。

本章稍後再討論「我比其他人更有倫理觀念」的信念。現在我們要思考的是上述短文內含的其他因素，這麼做有助於我們從微觀層次理解國際企業環境中的倫理與價值。

譬如，上述短文顯示，不論是在單一社會或國際社會，所有的倫理議題最終都關係到個體的選擇，以及這些選擇的結果。想拿獻金的是人，不是政府；決定是否支付獻金的也是人，不是企業組織。組織情境（「公司需要業績」）和社會情境（「獻金

是體制的一部份，如果我們不給，別人也會給」）都會影響決策，而人是決定獻金給或不給的最終裁決者。

另外，短文也顯示**倫理衝突是企業倫理事務的潛在觸發機制**。個人必須在兩個或更多的行動歷程中做決定，而每個行動歷程都內含某種對他人有益或有害的成份。經理人不應該盡力使公司獲利嗎？但是，公司的業績不該來自產品本身的價值嗎？為何要靠紅包呢？經理人不是應該遵守當地的法令和風俗習慣嗎？要是紅包是違法的或不符合倫理的該怎麼辦？是法律和風俗習慣錯了，還是經理人把違法的行為正當化？

短文也指出**倫理衝突只有透過某種個體的倫理推論程序才能解決**。由於個體的推論程序受到多重因素的影響，因此不同的決策必須採用多重標準來評估。類似的問題包括「我的替代方案為何？結果會怎樣？我如何學習看待和解決這類問題？我的信念為何？如果我的家人知道我支付獻金，他們會怎麼想？如果我因為不支付獻金而被公司開除，我的家人該怎麼辦？」

本章的焦點擺在個體的決策——此乃國際企業領域中所有倫理與價值議題的核心問題。第七章將探討與多國籍企業管理企業倫理有關的組織性議題。

倫理的互動特質

哲學家認為倫理是對與錯的解釋標準，從一個更務實的觀點來看，倫理可以被單純的理解為**個體在行動時，以及在評估自身行為與他人行為適宜性時援用的對錯原則**。大多數人很容易瞭解倫理的第一種角色（行為的動因），但卻經常忽略它的第

二種角色（評估行為的正確性）。若要瞭解個體層次的倫理與倫理議題，就得把「互動」（interactions）當成分析單位。倫理存在於社會世界裡，只有熱帶荒島上與世隔絕的個體才可能忽略倫理的互動特性。「對」與「錯」並不存在於物體或個人身上，而是存在於對於人類行為的各種想法當中。倫理規則提供一組準則，統理人們彼此之間的互動。由於國際企業環境涉及許多的行動者、評估者和評量標準，所以行動者與評估者之間的互動特別適合用來探討國際企業的倫理問題。

為了瞭解這個問題，我們可以思考：人們在考量各種行動歷程和評量他人的行為對錯時，總是會問上一句「這麼做符不符合倫理？」這個問題預設了個體在採取行動和評量他人行為時援用的評判標準。但是，這套標準並非一成不變，行動者會持續找尋行為背後依恃的適當標準，評估者也會找尋評量他人行為採用的適當標準。

在單一社會裡，尋找行動者和評估者援引的共同標準並不難，畢竟，同樣的價值和倫理是區辨不同社會的要素之一。然而，在國際環境中，行動者和評估者很難在短時間內針對某單一行為取得相同的倫理標準，因此，若想在國際環境裡妥善運用倫理推論程序，行動者和評估者雙方都得考量多重的標準。

例如，一家多國籍公司想將本國禁用的殺蟲劑（因為它有害健康）出口到其他國家（該國可以合法使用這類殺蟲劑），這種行為究竟符不符合倫理？對行動者和評估者來說，答案取決於大多數人的共識所能接受的標準。如果標準是由國家決定，那麼出口殺蟲劑就符合倫理；如果是以產品安全為標準，那麼出口這類殺蟲劑就不符合倫理。如果是以增進農業生產和糧食

供給爲標準，此舉就符合倫理；如果是以長遠的生態保護爲標準，那麼這種作法就不符合倫理。處理「這麼做符不符合倫理」的問題實得面對許多的衝突。

倫理衝突

　　倫理衝突（ethical conflicts）指的是在各種正確的原則（做對的事）當中，或在各種錯誤的原則（做有害的事）當中出現的不一致狀況。意即，當不同的行事原則建議採取不同的行爲時，在只能選擇某種行爲的狀況下，就會出現倫理衝突。在某些情境中，經理人可能覺得自己面臨倫理衝突，但其實他只是遭逢倫理難題。倫理難題（ethical problem）指的是個體在倫理情境中面臨抉擇的狀況。倫理難題可能涉及在對與錯的行動中做選擇，或者在倫理意境不明朗的狀況下做選擇，不過衝突和難題是不同的，兩者所需的決策也不一樣。

　　正如經理人所悉，在對與錯的行動中做出明確選擇，這屬於倫理難題的範疇而非倫理衝突。在這種情況下，經理人得斟酌究竟是要遂行私利動機採取錯誤行動，還是要採取正確行動卻得面對可能的損失。例如，有人告知多國籍企業經理人，索馬利亞政府願意建造廢棄物處理場來接收該公司生產的毒性廢料，這位經理人知道，內戰混亂的索馬利亞根本沒有所謂的政府，廢棄物處理場也不可能建造，倘使有毒廢料真的運到索國，當局可能會任意傾倒在某個村莊，或污染集水區，那到底要不要做呢？這是一個倫理難題，而非倫理衝突──經理人知道對錯之別，雖然他不一定會做出正確抉擇。如同所有人一樣，經

理人有時候也會因爲貪婪、自負、膽怯、諉過等因素而做出錯誤決定，但這只是倫理難題，而不是倫理衝突。

　　再用另一事例說明倫理難題。當經理人察覺某些事情出錯，但卻無法在決策推論程序的基礎上找到可用的倫理準則，或者無法找到有說服力的證據說明難題的存在。例如，經理人可能意識到某項新產品在設計上具有潛在缺陷，即便這項產品已經通過公司和政府的測試標準；或者，經理人可能覺得把卡通節目和玩具連結在一起是不對的，但是他也講不出個理由來說服別人。

　　區分倫理衝突和難題對國際企業實務來說十分重要，因爲倫理衝突隱含更困難的挑戰。行動者和評估者的事後敘述可能暗指倫理衝突涉及對與錯之分，但是如果對與錯可以選擇，人們一般都會選擇對的一方。這再一次的說明，倫理衝突存在於諸種不能同時並存的正確原則當中，或諸種不能同時並存的錯誤原則當中。

　　我們再以上述的殺蟲劑出口事例說明這個論點。殺蟲劑的出口之所以引發衝突，並不是對錯原則的交戰，而是得在各種正確的原則與行動歷程中做選擇。國家自決是對的，產品行銷不能傷害顧客是對的，提供可以增進農產以養活人口的產品是對的，而顧及長遠生態發展也是對的。倘使出口殺蟲劑這件事有明顯對錯區別（譬如進口殺蟲劑的國家其人民將在一年內全部死亡），那麼這個個案就不是倫理衝突，雖然當事者可能會選擇錯誤的方案。

　　企業雇員感受倫理衝突的程度尚未（也可能無法）被詳實記錄。本章開頭引用的研究指出，逾半數受訪者坦承在工作中

曾遭遇倫理衝突，不過，由於這份問卷是由受訪者自行填答，另一群曾面臨倫理衝突卻不願承認者爲數多少仍未知，所以實際上曾面對倫理衝突者應該會更多。專欄6.1羅列最近一項針對美國企業雇員所做的倫理難題研究結果；另一項針對經理人所做的調查則發現，只有36%的受訪者待過的公司曾提供正式的倫理訓練，這群經理人認爲，會提供倫理訓練的企業對倫理議題較爲敏感，此舉也對倫理決策頗有幫助（Delaney & Sockell, 1992）。

專欄6.1　美國企業是符合倫理的嗎？

位於華盛頓的倫理資源研究中心（Ethics Resource Center）調查4,035位美國企業員工，發現有近三分之一的員工自認曾在公司的壓力下，爲達成企業目標而違反公司政策。

研究同時發現，有三分之一的員工曾目睹違反公司倫理政策的事件發生，這些事件當中只有半數會被阻止。

員工最常見的違法類型包括：

● 欺騙上司

● 僞造記錄

● 偷竊

● 性騷擾

● 在工作場所酗酒或吸毒

● 利益衝突

資料來源："Ethics in the News," 1994 *Business & Society Review* 91 (Fall): 5

　　要計算個體在工作中面臨倫理衝突的次數，通常會遇到的問題是如何區別「倫理衝突」和「意見相左」（disagreement）。不是所有的「意見相左」都是建立在倫理原則的矛盾基礎上，許多意見相左之所以發生，是因為倫理原則在實際應用時出現不同的詮釋，問題並非來自於原則本身。舉例來說，假設雀巢公司（Nestlé）內部正在討論是否要在開發中國家推廣嬰兒食品配方，如果討論重點在於開發中國家的民眾是否需要且能正確使用產品，這是倫理衝突；但如果重點在於如何運用新市場開發原則，則是意見相左。

　　許多意見相左的情況是針對實際現象而非原則，所以不能算是倫理衝突。例如，在開發中國家很難區分嬰兒的死因，所以當有心人士提供資料聲稱「雀巢害死嬰兒」時，雀巢可以找出許多有關嬰兒脫水、營養不良和水質太差等可能病因。由於實際現象太過複雜，所以很難指明雀巢就是唯一加害人。

　　再者，不是所有有關原則的爭議都會導致倫理衝突，爭議的程度必須夠強，致使組織內部出現嚴重的不一致狀況，倫理衝突才會發生。再舉雀巢為例，一旦決定要在開發中國家推廣嬰兒食品配方，如何行銷產品的問題就有可能引起數項倫理衝突。有些人認為，開發中國家的衛生環境和讀寫能力不足以讓當地民眾安全且適當的使用嬰兒食品配方，對這些人來說，行銷產品的方式可能會引發嚴重的倫理衝突。於是，一旦發現目標市場的使用者無法適當使用產品，公司可以採行各種不同的策略，比如鎖定特定的消費族群、提供免費試用品、與官方或健康醫療網絡合作等等。「嬰兒食品配方只能由醫師決定誰該使用、如何使用？」「嬰兒食品配方適合推廣給所有消費者嗎？」

等行銷問題不僅關係到商業「遊戲」中可能的「損失」，還事涉
嬰兒的生死問題。因而，衝突的強度和來源可以區別倫理衝突
與單純的意見相左。

　　個人偏好、品味和習俗也許最能說明倫理衝突和意見相左
的差別。如果你不喜歡我的襯衫，或我不喜歡你的公事包，或
者我們都不喜歡別人使用餐具的方式，這些都不會造成倫理衝
突，因而這並未涉及事關重大的原則，跟對錯的基本議題無關
——簡言之，不存在倫理衝突的來源。

　　瓊斯（Thomas M. Jones, 1991）指出，當倫理衝突出現時，
其衝突強度會受到下列五項因素的影響：

(1) **結果的嚴重性**：行動對受害者（或受益者）造成的傷害（或
　　收益）的總和。總和越大，強度越高。
(2) **社會共識的程度**：社會對於施行原則的共識強度。共識越少，
　　強度越低。
(3) **影響的可能性**：行動實際上會發生並創造傷害（或利益）的
　　可能性。機率越大，強度越高。
(4) **時間的立即性**：執行行動到產生結果之間的時間。立即性越
　　低，強度越小。
(5) **社會、文化與心理的鄰近性**：行動者或評估者對於受害者（或
　　受益者）感同身受的程度。鄰近性越高，強度越大。

　　在國際環境中，這些因素呈現更多的複雜性與關連性。例如，
面對是否以及如何在開發中國家推廣嬰兒食品配方的問題，雀
巢的經營階層在決策的初期階段可能會遇到不甚重要或者是強

度很低的倫理衝突，原因是：(a)他們看到的利益多於傷害；(b)
沒有強大的社會共識反對這項行動；以及(c)經營階層對於發展
中國家的情況不甚瞭解。這些說法只是純粹的解釋，並不是要
正當化其行動。的確，其他許多企業（像亞柏[Abbott Labs]、博
登[Borden]和必治妥[Bristol-Myers]）同樣也在開發中國家推銷嬰
兒食品，但是對雀巢來說，一旦問題浮現之後，公司面臨倫理
兩難的強度增加，而他們的選擇是保持現狀。當結果的嚴重性、
時間的立即性和影響的可能性都變得較為清楚，社會逐漸形成
一股反對該項行動的共識，問題的切身性愈來愈高，那麼雀巢
的決策者可能就會面臨倫理衝突。

　　對個體而言，倫理衝突會驅動著倫理議題。在倫理衝突中，
行動者或評估者都看得到正確原則或錯誤原則之間的不一致
性，問題就此產生。這種不一致性必須有足夠的強度，才能導
致行動者或評估者出現真正的內部不一致。世界上每天進行幾
十億筆的企業交易，其中大多數都與倫理議題無關，這並不是
說交易中的道理不重要，而是沒有牽涉正確原則或錯誤原則明
確的是非原則，或不一致性的強度不足以使行為者或評估者產
生內在的不協調。

　　最後，我們得注意倫理衝突可能發展成兩種不同的類型。第
一，個體在思索正確的或錯誤的原則或行動時，若面臨不一致
的狀況，可能會引發內部衝突（internal conflict）。第二，外在衝
突，發生於採取行動的個體和另外一個要素（同級或上級）之
間對於行動的是非原則有不同意見時。無論是內部或外部的倫
理衝突都根源於互相矛盾的標準，而這種矛盾在國際環境情境
中的強度明顯大於在單一社會情境。

倫理衝突的企業脈絡

整體的企業環境，特別是國際企業環境如何影響和建構個體的倫理衝突呢？研究這個問題最好的切入點是檢視「企業倫理」一詞的意義。對某些人來說，「企業倫理」是典型的矛盾修辭法（oxymoron），類似「巨無霸蝦米」、「軍事民主」、「美味狗食」這類說法。偉大的社會哲學家瑪克斯（Groucho Marx）曾說，「企業倫理的秘訣是誠實，一旦你懂得造假，那麼其他所有事情都會變得很容易。」但是這般理想主義對企業倫理的看法建立在某種規範概念的基礎上：認為企業應該怎樣運作。因而，賦予「企業倫理」什麼樣的意義，事實上就成為整個倫理衝突問題的根本。

企業競賽的倫理

有些人認為企業倫理與對錯原則有關，這些是非原則符應著不同的企業環境。主張企業可以獨立於其他社會部門的人們認為，企業環境中可被接受的行為無需與社會上的對錯原則一致。於是，從社會角度來看，「不誠實」是不對的，但是對企業來說，說謊（或者可以說成「虛張聲勢」）不僅是可被接受的，甚至是預期會發生的行為（參考Carr, 1968）：「在日常生活中痛恨別人說謊的人，卻接受企業可以有這類行為，因為說謊只要不違法，在某個角度就可視為是適當的。當所有當事人都知道『合法的』謊話是可被接受的，那麼這種具有爭議性的行為就會被企業接受。」「企業即競賽」可以比喻此種企業倫理觀。一

且個人加入某企業組織，他就像橄欖球隊的一員，負有贏得球賽的責任。球賽（或企業活動）有一套獨特的規則，也有裁判（政府或大眾）執行規則。如果有人違規（違反法律或倫理），球隊就會受罰（銷售減少、失去工作、科處罰金）。所以球隊的目標就是在服從比賽規則（資本主義經濟裡的市場行為）的前提下，儘可能努力競爭（販賣貨品與服務）以贏得比賽（獲得最大利益）。而球隊的教練（資深經理人）會設定比賽計畫（經營策略），評估球員的表現（考績制度），並負起團隊的成敗。由此看來，這個比喻頗為貼切。

　　然而，若只以競賽比喻作為瞭解企業倫理的基礎，馬上就見其膚淺。首先，球隊犯規被罰的前提是它被違規被逮，難道我們可以認為只要企業違法而不被政府和大眾發現，企業就能為所欲為？的確，許多企業犯罪，特別是發生在金融部門的企業犯罪，似乎都用這個觀念運作（例如1980年代的內線交易醜聞）。其次，球員必須聽從教練的指示，難道這意謂老闆永遠是對的？這種觀念否定企業中每個組織層級都得負責任事，致使危機與災難無法避免。第三，球賽結束後，輸贏全由球隊承擔，但是企業難道是在沒有外部效應的社會真空狀態中運作？在當今複雜的全球企業環境中，這種情況肯定不會發生。第四，每個球隊（公司）在某個時間點只會和另一隊（競爭廠商）交手，且雙方都在同一套規則下競賽。面對許多競爭者和不同倫理與經濟規則的國際企業環境，這種簡單的比喻顯然不適用。總之，球賽比喻的膚淺在於，它窄化個體在企業倫理中的處境，使其儼然淪為一部等待組織指示運作的電腦；事實上，個體總是企業倫理事務中的基本行動者。

企業倫理

　　另一個學派則把個體擺在企業倫理的核心位置：企業倫理意謂在企業情境中施行個體倫理。組織本身不會發佈倫理命令，這個動作是由組織活動中的個體執行。企業倫理的意義必須考量個體倫理與組織目標之間的互動，不是為了勝利不擇手段（只要犯行不被發現），不是對老闆言聽計從，不是輕忽行動產生的外部效應。企業情境只是決策的脈絡而已，所有決策都得面對倫理問題。

　　此學派認為個體（不是組織）是倫理行動者，雖然組織會影響個體決策，但倫理行動者永遠是個體。如圖6.1所示，個人的倫理立基於**價值觀**（對是非的判斷）、**倫理觀**（解決倫理衝突的方法）和**意識型態**（形成想法的各種價值觀的總和），而倫理也會被個人經驗調和。倫理標準的產生來自於個體與家人、同儕、宗教、教育、文化、和其他價值形成機制之間的互動，這些互動都會影響行動者或評估者的對錯原則。不過，在企業環境裡，永遠是由個體承擔倫理責任。

　　以企業組織內的新進人員為例，可以說明上述兩種「企業倫理」觀點的差異。新進人員帶著他/她原有的是非原則進入公司（Kohlberg, 1981），第一種學派認為個體應該忘記所有的對錯標準，第二種學派則認為這些標準是新人帶進公司的工具。

　　剛進公司的新人會同時面對組織內正式與非正式的倫理準則。正式的倫理準則表現在各種行事規章、倫理聲明、倫理計畫甚至是任務陳述和書面政策中，非正式的倫理準則是透過與上司、下屬和同儕之間的互動、溝通，觀察哪些政策如何落實，

圖6.1　道德觀、意識型態、價值觀與倫理觀的關係

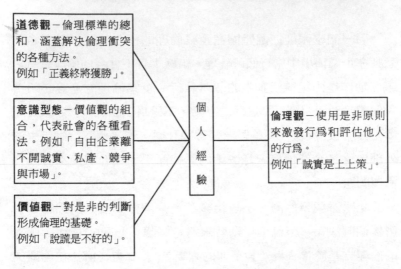

道德觀－倫理標準的總和，涵蓋解決倫理衝突的各種方法。
例如「正義終將獲勝」。

意識型態－價值觀的組合，代表社會的各種看法。例如「自由企業離不開誠實、私產、競爭與市場」。

價值觀－對是非的判斷形成倫理的基礎。
例如「說謊是不好的」。

個人經驗

倫理觀－使用是非原則來激發行為和評估他人的行為。
例如「誠實是上上策」。

違反政策者會有何「下場」而得知。「企業競賽」學派認為應採用組織氣候中所有正式、非正式的倫理標準，不論其是否關係到個人倫理，或者是否與個人倫理標準一致。「企業倫理」學派則認為應該要評估公司內部標準的一致性，看看說的和做的是否一樣？並用以驗證個人的是非標準。

　　在企業內待上一段時間之後，個體開始面臨組織利益與一般商業標準不一致，或與一般社會標準不一致的情形，他得在其間做出選擇。「企業競賽」學派認為應以組織利益為先（只要不被逮到！）；而「企業倫理」學派則認為個體必須畫出明確的是非界線，以便調和公司、業界和社會的利益。

　　我們在此援用第二種學派的觀點看待企業倫理。「企業競賽」學派可能較適合不想面對困難抉擇，或不願為其決策負責

的人，不過這種想法和作法太過天真。組成企業決策情境的個體與各種倫理氣候之間的互動具有其複雜性，致使第二種學派較有意義，也較爲實際。

　　圖6.2說明個體在面臨倫理衝突及決策時所處的複雜情境。舉例來說，如果正式與非正式的組織倫理是一致的，那麼剩下的就只是個人的倫理觀念與組織倫理氣候相不相容的問題。如果相容，個體面臨較少組織層次上的倫理衝突；如果不相容，個體就得調整自己的標準和行爲。另外一種情況是，倘使正式與非正式的組織倫理不一致，意即組織內盛行「照我說的做，不要學我做」的原則，那麼個人不僅得應付組織內正式與非正

圖6.2　倫理決策的主要影響

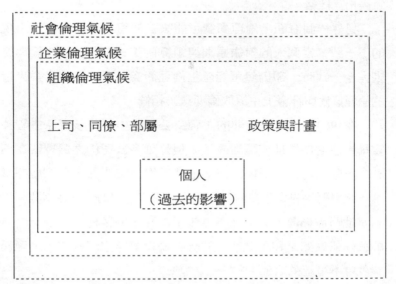

社會倫理氣候

企業倫理氣候

組織倫理氣候

上司、同僚、部屬　　　　　　　政策與計畫

個人
（過去的影響）

資料來源：改寫自Carroll, 1989

式倫理不一致的問題，還要解決組織倫理原則與自己的原則不一致的問題。這種很難捉摸卻又困難的情況可能導致員工養成犬儒主義的心態，他們相信自己做出正確的選擇，認為職場上需要的卻是錯誤的選擇，於是產生多面向的倫理衝突。

我們再回頭看看本章開頭的短文。如果正式或非正式組織倫理明確宣示不得以賄賂來提升業績，而個體也認為這是正確的原則，那麼倫理衝突就不會產生。當組織和個人其中一方認為賄賂是可接受的，倫理衝突才會產生。所以，如果正式的組織倫理和個人都認為賄賂是錯誤的，但是組織上級表示他會對賄賂一事視而不見，理由是放棄合約是不智的，少了這筆生意會導致企業獲利縮水與裁員的窘境。在此情況下，個體倫理並未和正式組織倫理產生衝突，卻與公司高層表現的非正式倫理氣候相互扞格。

另外一個層面，倫理衝突可能來自於組織外部環境中出現的不一致。當個人的對錯原則與組織內正式與非正式的倫理原則完全一致時，卻仍然可能產生倫理衝突，原因在於企業秉持的倫理氣候與社會上主流的倫理氣候相悖。

在1980年代進駐南非的美國跨公司當中，許多資深主管都宣稱厭惡當地的種族隔離政策，但是許多公司仍然選擇留在南非，這些公司以兩種理由正當化其行徑：(1)「如果我們離開當地，競爭對手將會不費吹灰之力取代我們」；(2)「留在南非可以對當地略盡棉薄之力，此舉遠較選離開來得積極。」全球企業的倫理氣候如果和企業所在的社會倫理氣候出現對立，倫理衝突就會不可避免地產生。

圖6.3說明企業倫理議題中幾個倫理衝突的來源。國際領域

圖6.3 倫理衝突來源的類型

	正式組織	非正式組織	企業氣候	社會氣候
個體	個人對抗政策	個人對抗慣例	個人對抗產業	個人對抗社會
正式組織		組織文化衝突	組織挑戰潮流	冒險性組織
非正式組織			組織操縱	蠻橫組織
企業氣候				廣泛組織衝突

會涉入較多的社會因素和制度因素，其涉入程度取決於子公司對於倫理氣候的自主性，就連組織所處的環境也會產生影響。對於面臨倫理議題的個人而言，這些環境創造出極高的複雜性和影響性。不過需要做出決定的仍然是個體，不是組織、機構或是社會，所以我們的檢視焦點還是得擺在個體解決倫理衝突的過程。

倫理推論：程序與缺點

如果所有個體都以1到100計量其倫理與價值觀，當所有行動者和評估者給予的分數相同，倫理衝突就很容易解決。每當遭遇倫理衝突，個體必須以「倫理稽核表」確認決策能夠符合最高層級的倫理標準。評估者必須按照該表查核，才能判斷某項決策是否合乎倫理。舉例來說，如果「誠實」價值排名第一，那麼要審查某項決策是否合乎倫理，行動者只需檢視決策是否

誠實,而評估者也能援用相同的誠實判準作為衡量工具。只可惜,倫理與價值並無法以如此簡潔的方式呈現。

倫理與價值觀是以叢集(clusters)的形式呈現而非線性的層級排列。一個人的核心價值觀可能包括誠實、自尊、尊重他人、家庭安全和責任感,當這些核心價值包含其他的行動或決策時,倫理衝突就會產生。倘使你認為誠實總是判斷決策倫理的最重要標準,當哲學家問道:假設你現在身處納粹德國,家中閣樓藏了一名猶太人;當蓋世太保來敲門,並質問你「有沒有在閣樓窩藏猶太人」,請問你會怎樣回應?雖然這是比較極端的例子,但是它說明了核心價值叢集的觀念。這並不是說誠實與否不重要,而是在某些情況下,其他的核心價值具有較高的優位性。

倫理議題的決策程序很像其他任何的決策程序,圖6.4的決策模型指出個體在決策時會:(1)蒐集資料,(2)構思可行方案,(3)預測各方案的執行結果,(4)解釋結果,以及(5)選擇行動方案。「有限理性」概念指出,沒有任何一項決策立基於完整的資訊,因為蒐集所有與決策有關的資訊是不可能的,而個體也沒有能力處理這些資訊。儘管如此,個體仍然能利用手邊的資料進行倫理推論程序。

然而,倫理議題的決策和其他類型的決策還是有一些差別,原因有二:(1)個體在倫理推論程序中會碰上缺失,以及(2)個體用來選擇行動的判準。

以蒐集資料的問題為例。個體在蒐集與倫理議題有關的資料時會覺得較不舒服和沒有安全感,這是因為人們相信自己有能力在各種狀況下做出正確決斷,不願承認自己可能會力有未

圖6.4　倫理推論是一種理性／邏輯的決策程序

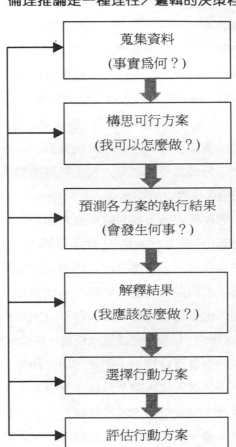

逮。這可能導致資料蒐集不足或對事實的理解不夠精確。想像
一位派駐墨西哥的美國公司經理聽聞行賄公家機關在當地是做
生意的方法之一，這位經理會從其他來源找尋相關資訊求證這
項「事實」嗎？再想像遊說人士在雞尾酒會場合向一位駐美的
日本公司經理獻計，用大筆的競選獻金「買通」國會議員會讓

生意更順遂，這位日本經理會接受這項建議嗎？

　　再以發展可行方案時碰到的問題為例。人們傾向以二分法看待可行方案──「我不是做Ａ方案，就是做Ｂ方案；因為倫理事務有對錯之別，所以可行方案就應有對錯之分。」然而，正如我們所見，倫理衝突並未關係到對與錯。比如我該花627美元買這項產品，還是它只值433美元；我該雇用珍妮當會計人員，還是聘請喬伊當工程師。在許多決策場合，二分法根本派不上用場。雖然二分法是不恰當的，但由於這種想法太過普遍，使其常現身在倫理推論中。

　　以二分思維檢視各方案的結果也會出現問題，因為人們傾向做出過度簡化和不當的論斷：「在印尼經商，如果不賄賂政府官員就做不成生意。」這種說法可能對也可能錯，但是倘使這只是種未驗證的假設，便是有問題的倫理推論。人們易於把結果當成命題，但是這麼做會導致倫理推論出現重大瑕疵。設想你的主管告訴你：「只要你完成這項任務，在公司就有前途了。」聽到這句話，你會不會設想，倘使這項任務無法做到令人滿意的地步，是不是會丟掉飯碗？怎樣才算令人滿意，是很完美、還是夠好就行，只要符合老闆要求就好？「你的前途」究竟意指為何，是升遷、降職還是保住飯碗而已？人們通常不會明白回答這些問題，不過這些因素卻會影響倫理決策的制定。

　　同樣的，行動者和評估者援用的標準也會產生問題。即便各種相關資訊都蒐集完畢，已發展出數種可行方案，並周延的評估過各種方案造成的結果，但是還有一個問題得解決：應該施行什麼樣的價值觀──基於什麼樣的理由，我才能出口殺蟲劑？才可以賄賂官員？才能販賣不安全的產品？個體實際上在

解決倫理衝突時，一定會進到選擇判準的階段。

　　卡洛爾（Carroll, 1987）在〈尋找道德經理人〉一文中，指出這個階段的主要問題。卡洛爾主張，企業界碰到的主要問題不是道德經理人對抗不道德經理人，而是出現沒有道德觀念（amorality）的趨向。專欄6.2歸類卡洛爾對沒有道德觀念的經理人所做的界定。在本質上，沒有道德觀念的經理人在面對倫理衝突時，除了考量經濟因素之外，其餘因素一概不予重視。對他們而言，凡事必須以財務方法加以量化，不合乎這項原則的就排除在外，這種特性會阻礙倫理推論程序的進行。

專欄6.2　沒有道德觀念的經理人

---

(1) 道德幻想

　　只看重競爭性經濟因素的重要性，無法體察或意識到民眾可能受到的傷害。

(2) 道德認同與秩序

　　認為道德主張是多餘的且不夠明確，無法納入企業考量。

(3) 道德評估

　　即便考量倫理要素，其施行卻反覆無常。

(4) 對於道德模糊性與不同意見的容忍

　　以道德的模糊性及其不同意見為由，把倫理事務丟在一邊

(5) 整合管理和道德的能力

　　認為倫理決策和管理決策與能力是分離的、不相干的。

(6) 道德責任感

　　除了例行的管理職責之外，毫無道德責任感和正直可言。

資料來源：Carroll, 1987

　　歷史上的實例可說明上述論點。在美國被捲入第二次世界大戰之前，國際電話電報公司（ITT）與數家德國企業關係良好。當歐陸戰事爆發，該公司的經理人開始面臨倫理衝突：是不是要繼續透過部分持股的子公司福克伍爾夫（Focke-Wulf）提供通信設備給希特勒的軍隊（參考Sampson, 1973）。畢竟在商言商，ITT在希特勒權力擴張時獲得更多利益，即便後來美國參戰，ITT還是繼續提供通信設備給納粹德國一段時間。ITT同時下注交戰雙方，這種沒有道德的觀念妨礙倫理的推論。

解決倫理衝突

　　解決倫理衝突終究得取決於倫理推論程序的發展程度，特別是對於應用判準的選擇。納許（Laura Nash）曾提出一個實用的辦法，可以增進企業的決策倫理。在專欄6.3中，納許根據理性／邏輯的倫理推論階段依次提出十二個問題（參考圖6.4）。與其他改善企業決策倫理的方法相較，納許強調的是多種正確原則與錯誤原則的應用。

　　另一種解決倫理衝突的方法則把焦點擺在跨文化衝突（參考Kohls & Buller, 1994），這種方法建議使用七種策略處理跨文化衝突：(1)避開，(2)強制，(3)教育，(4)滲透，(5)協商，(6)適應以及(7)合作。解決衝突的策略選擇取決於三個問題的答案：

● 　所處局勢是否具有高度道德意涵？

● 　我是否能高度掌控局勢發展的結果？

● 　問題的解決是否有其高度急迫性？

專欄6.3　檢驗企業決策倫理的十二個問題

蒐集事實

是否精確地界定問題？

事情是如何發生的？

發展可行方案

設若站在另一方的立場，你會如何界定問題？

在決策過程中你意欲為何？

在決策之前，你能和受到影響者討論問題嗎？

預測結果

你的決策或行動會傷害到誰？

你採取的行動隱含什麼樣的符號意義？是否會被誤解？

應用判準

與其他可能的結果相較，你意圖達成什麼樣的結果？

你能坦蕩的向上司、總裁、董事會、家人和社會說明你的決策或行動？

作為一個獨立的個體，以及作為組織的一份子，你該對誰忠誠？

你有信心可以長期的保有現有的職位嗎？

資料來源：改寫自Nash, 1981

　　如表6.1所述，不同的答案組合都有相應的策略可供選擇，如果三個問題都回答「是」，適合的策略是「強制」和「協商」；如果都回答「否」，就可選擇「避開」與「適應」策略。

　　卡瓦納、維拉斯奎和莫伯格(Cavanagh, Velasquez and Moberg, 1981)也使用這種「系列問題」方法建立倫理決策模型（如圖6.5

表6.1　跨文化衝突之解決策略

所處局勢是否具有高度道德意涵？	我是否能高度掌握局勢發展的結果？	問題的解決是否有其高度急迫性？	解決策略
是	是	是	強迫 協商
是	是	否	教育 合作
是	否	是	避開
是	否	否	教育 滲透 合作
否	是	是	避開 強迫 協商 容忍
否	是	否	教育 協商 適應 合作
否	否	是	適應
否	否	否	避開 適應

資料來源：Kohls and Buller, 1994

所示）。我們可以再利用本章開頭的短文來說明該模型。假設得到的訊息夠充份，對事實的瞭解夠正確，接下來就可以使用效用、權利、正義這三項判準開始進行分析。

圖6.5 倫理衝突的解決方案

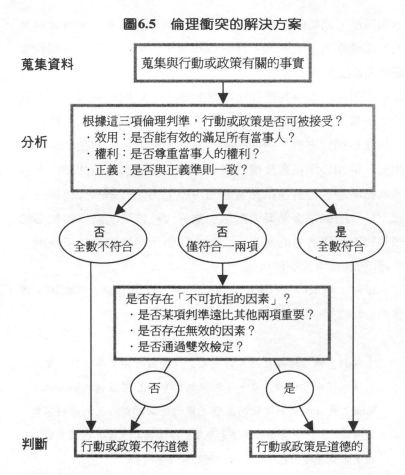

資料來源：Velasquez, Cavanagh and Moberg, as adapted in Cavanagh, 1984

效用（utility）是眾所周知的企業決策判準，它單純意指某種事物的使用對企業組織的價值。效用若作為個體的倫理判準，它也意指價值，但是其應用的基礎更廣泛。效用的倫理判準起源於功利主義的道德哲學——為大多數人謀取最大福利，所以

效用判準可以如此表述:「考量中的行動或政策是否能有效的滿足所有當事人?」亦即,行動或政策是否創造出所有相關利害關係人都能接受的價值。

我們可以效用判準評量賄賂問題:就短期面來看,利害關係人、員工、供應商和管理階層可能因行賄取得合約而獲利,但是從長期面來看,對這些利害關係人來說,不可預知的成本很高,譬如公司被舊政權視為一項工具,除了索賄的頻率與規模快速增加,也有被扣押資產的可能。倘使行賄的公司獲得某種不公平的競爭優勢擊潰對手,顧客與社區可能就得以較高的價格買到品質低劣的產品,因此,行賄並無法符合效用判準,不過這般結論的說服力不足。

權利(rights),不管是法律上的權利或是道德上的權利,經常都是倫理衝突的關鍵因素:

> 「權利」概念係指身為人類或是公民所擁有的生存條件。權利的存在代表責任的存在。十八世紀的哲學巨擘康德(Immanuel Kant)是發展權利理論的濫觴,權利理論認為,人的權利不能被縮減,不能拿來交易或任意限制;每個人都應視為一項目的,而不只是手段而已。(Wood, 1994.)

權利判準可以如此表述:「考量中的行動或政策是否尊重當事人的權利?」由於每個人都擁有權利,所以無可避免有時會出現法律上/道德上權利的衝突。法律上的權利由法律保障(比如投票和擁有私產的權利),道德上的權利則應施行在所有人身上(比如保有尊嚴、隱私、言論自由、免於受虐的權利)。

　　再以賄賂為例。假設賄賂並未違法。（這可能是個蹩腳的假設，因為大多數國家都已立法禁止賄賂，而美國也在1977年提出外國行賄法規範美國的多國籍企業。）於是官員有權索賄，公司也有權行賄，至少賄賂沒有被法律禁止。不過，道德上的權利在行賄過程中又如何呢？公司是否侵犯個人的隱私、尊嚴或自由？是否有人的生活受到威脅？是否有人因而受害？問題的答案在於地主國文化如何看待賄賂事件。有些國家默許甚至公開支持這類賄賂是一種社會福利體系，所得款項可用來照顧老年人和失業人口；有些國家把賄賂當成尊敬政府官員的表徵；還有一些國家認為行賄象徵雙方關係更加穩固。在這類個案中，拒絕行賄的公司可能損害當地民眾的權利。另一方面，某些社會文化認為行賄可能損及人民的權利，因為人民擁有免遭政府勒索的權利，而索賄的官員可能透過貪污或高壓手段穩固職位其。在這類情況下，企業就得瞭解，行賄將助長貪污和高壓政治，此舉有害民眾的權利。這般結論的說服力較強。

　　最後要談的判準是正義。正義（justice）與社會體系中的公平性有關，它關係到「在利益與勞務分配之時，在規則與律法施行之時，在團體成員彼此競合之時，以及在懲罰犯錯者和補償受害者之時給予團體成員的相對待遇。」（Velasquez, 1992: 75）如果正義僅由社會文化界定，那麼任何主流的分配體系都會被視為是公平的，不過，當主流體系的形式和企業經理人對於公平分配的信念不同甚至產生扞格時，這種觀點並無法解決這種倫理衝突。譬如，企業在處理與文化有關的事務時，才會考量文化的主流分配體系；如果能實際考察文化，那又是另一個故事，會發現其中有一小撮非常富裕的菁英和一大群蒙受疾

病、營養不良、早夭等折磨的下層階級。只支持現狀的倫理事務總是值得進一步檢驗，公司經理人最好能參照正義的幾項基本原則，而不是預設每個文化對資源和勞務的分配都是「正確的」。

　　正義理論學家勞斯（John Rawls）指出，吾人可以想像，假如一群人從頭建造一個社會，他們不知道自己會在這個社會中佔據什麼樣的職位，在這種情況下，這群人創造出來的規則，在那個情況下所發展出的分配機制就是最公平的機制。勞斯說，在「無知面紗背後」的人們將能發展出包括下述原則的正義規則：

(1)　每個人都有擴展其基本自由的權利，這種權利和其他所有人的自由權利是相容並存的，以及
(2)　達成社會與經濟的均等，以便讓
　　(a)　優勢最少者可享有最多利益，以及
　　(b)　使依附在某個職位的階級能夠對全體人民公開，並獲得均等機會。（改寫自Velasquez, 1992: 85）

　　這些原則是在顧及他人自由和公平取得階級地位的前提下發展個人自由，而且底部階級的生活品質必須達到社會中每個人都能接受的程度。無論是資本主義或烏托邦式共產主義的分配機制，只要能符合這些原則，都可被視為正義的機制。

　　回到賄賂的個案。在解釋賄賂是否合乎正義之前有幾個問題要先釐清：

● 賄款是否能增進人民平等自由？是否侵害任何人的權利？

● 是否社會中的每個人都有機會成爲可以向外國人索賄的階級？

● 賄款是否有助於改善底層階級的生活品質，至少能達到每個人都能接受的程度？

　　根據勞斯式的分析方式，多國籍公司的經營者可能發現賄款不會侵害某人的個人自由，也有助於改善底層階級人民的生活；但是並非社會中的每個人都有機會成爲可以向外國人索賄的階級。這樣的情況到底合不合乎正義呢？

　　從圖6.5中，我們發現這個情況處於中間模糊地帶，既非每項都合乎倫理，亦非每項都不合乎倫理。這時我們就要分析是否有不可抗拒的因素存在，包括判準的相對重要性、無效的判準及雙效檢定。這三項是否存在於賄賂的個案中呢？

　　洛克希德前總裁卡臣（Carl Kotchian）曾經在1970年代早期面臨過「相對重要性」的問題，他綜合考慮員工、股東、供應商及經理人的利益之後，不顧其他的倫理考量，同意支付日本官員的索賄。當時美國並無法律裁定這項行動違法，但是卡臣很快地發現這個決策並不能顧及股東的利益，因爲這項賄賂行動引發更高層的勒索行爲。因此他必須找出一項主導性的判準來支持他的決策。

　　在洛克希德賄賂案的同時，荷蘭王儲伯恩哈得（Bernhard）也因爲收受飛機公司的賄款而宣布遜位。事實上，在當時的航空工業中，賄賂可說是一種慣例，因此洛克希德的決定到底合不合乎倫理，可能會因爲全球業界的狀況而有不同的見解。

　　最後一個不可抗拒的因素是「雙效檢定（double-effect test）」，就是同時比較某項行動或政策的好處與壞處。卡瓦納（1990: 146）認為如果決策者可以避免某項行動或政策的壞處；或壞處只是一種副作用，且與其好處無必要關係；或好處遠遠超過壞處，那麼那項行動或政策就可以採行。雖然方向正確，但是雙效檢定有兩個缺點：第一，決策者可以輕易操作檢定的結果以便符合其預設立場；第二，忽略正氣與權利判準的重要性。因此，雙效檢定還要加上以下幾點修正：

- 好處與壞處之間如何折衝？如何確認壞處是否會發生？（例如某人願承擔抗癌藥物可能會禿頭的風險，卻不願意承擔治療禿頭的藥物可能致癌的風險。）
- 壞處的部分是否損害某人法律或人身的自由？
- 壞處是否違背某人或股東的欲求？（如果壞處是使競爭者產生損失，那就不算不符合倫理。）
- 壞處是否違背正義的原則？

　　再來看卡臣的例子，從公司的觀點來分析，他的決策好處是洛克希德可以延續其業務而壞處是勒索向上延伸。壞處的部分只通過部分的雙效檢定。卡臣並不願見到更進一步的勒索；也沒有任何人的權利受損；好壞權衡之下也傾向於支付賄款。但是(1)決策的壞處是通往好處的必經之路，公司必須一直賄賂下去才能得到合約；(2)持續的勒索違背正義判準中公平分配的原則。

　　綜合前述，解決倫理衝突是一項獨特的工作，需要清晰的

思考和靈活的反應才能分析複雜的狀況。全球環境中不同的標準和情境使得解決倫理衝突更加複雜。倫理衝突不像量化的問題可以用公式來解決，甚至連完整分析衝突的模型也不存在。

與解決國際性倫理衝突有關的其他事項

解決倫理衝突有一部份是在應付某項決策制訂之後人們的感覺與反應（Blanchard and Peale, 1988），而不是全部的工作。行動者必須考慮其他人（評估者）對他們的選擇的看法。事實上，倫理是與互動有關，行為者和評估者所採取的標準影響極大。在國際環境中，這項倫理評估的功能含括幾項注意事項。

舉例來說，請回想本章開頭時曾提到行為者和評估者（特別是評估者）對自身倫理的看法，他們都認為自己的倫理感高於同僚——「我不會賄賂，但他們會」。在全球單一社會的環境中，行為者和評估者之間意見的歧異，可以根據法律、意識型態和不同社會的差異性來調整，使之能協調一致。在國際性企業中，這些社會化的機制並不具備權威性的支撐，反而是組織內部的規定、意識型態和文化產生比較明顯的作用。因此，行為者在解決倫理衝突時，通常會試圖迎合評估者的期望和他們自認倫理感較高的想法。

這個情況引起國際企業倫理研究中的重要討論。Donaldson（1989）認為在全球的情境中，存在一種跨文化、跨社會均適用的倫理標準，適合行為者和評估者共同遵守。這些共同的價值包括：人身自由、人身安全、舒適生活、允許私有財產和享有與他人相同的尊嚴。Freeman（1994）主張解決倫理衝突必須

由行為者和評估者根據自身的本位來求得協調，協調的重心在於「行為者和評估者雙方都能認可的標準在哪裡」。這兩派的看法都在取得共識，只是取得的方式大相逕庭。事實上，這兩種看法和倫理學的「倫理相對性」（ethical relativity）觀念不太相同。從倫理相對性的觀點來看，無論是誰都不能判定某個人或文化是比較具有倫理意涵。但是兩派爭論的重點是評估該如何進行，而不是評估是否進行。

在第七章當中，我們會討論在國際化日益風行的環境中，究竟價值與觀念是趨向一致還是分歧。但是看起來在國際企業中，要保持倫理中立並不容易。1980年代，許多美國和日本的跨國公司在南非做生意的時候，其母公司便不希望分公司保持倫理中立（Paul, 1992）。

在進入第七章之前，還有最後一個注意事項是有關「天真經理人」的現象。這個現象最常發生在美國人身上。美國人信奉倫理相對性的觀念，即使不相信，當他們進入新環境時，還是會主動地「入境隨俗」。這些菜鳥經理人就成為當地人下手的目標。舉例來說，有一個來自美國的經理到了孟加拉港口時遇到一位仁兄，他說「今天這裡天氣很熱，所以碼頭工人都不想工作，但是你的藥物再不搬運恐怕就要壞了。不如你拿5,000塊美金出來，我來幫你打通關。」美國經理原本不願意，認為賄賂是不符合倫理的，也不符公司政策。但是基於倫理相對性他只能容忍，所以他就拿出了錢，說：「喔，這就是你們做事的方法，好吧，5,000塊拿去。」然而他不知道的是，雖然碼頭方面需要打通關，但是只需要5塊美金就夠了！

上面的例子是個笑話，但在初來乍到之時也是可以原諒的。

從倫理的觀點來看，重點是這個經理在往後會怎麼做。他是否能學到教訓，還是繼續受騙下去？甚至將5,000塊美金當作一個基本價碼告訴後來的接替者？這個經理是否能找到其他的途徑，還是要一直盲目的賄賂下去？

這個例子不僅是對其他文化過度概化的結果，「認為所有人都有相同的特性、態度和歷史背景」（Wood, 1994），更是種族優越感的效應。種族優越感產生的危險包括：

- **侮蔑**——使用嫌惡或厭惡當地文化、人民的敘述。不僅傷害當地人民的尊嚴，更會導致業務推展困難。
- **盲目的假設**——在資訊不足或毫無資訊的情況下對某文化的屬性做出錯誤的假設。例如：某個經理人認為某文化不重視人命價值，因此他在當地設廠時就不注重工作上安全的機構與設備。
- **「皆我類屬」**（same-as-self）**的特性**——誤認其他文化的特性與自己相同。這將導致經理人忽略不同國家倫理標準的差異。

要解決受騙和優越感這兩種問題，必須回歸正確的倫理推論程序。

結論

國際企業倫理的處理在倫理議題、倫理衝突、倫理難題之間互相角力，這些問題都源自於互相衝突的原則和複雜的情境。

看來只從成本分析的財務觀點來解決問題是比較簡單的方法，
但是如果不考慮倫理的因素，將有可能給公司和股東帶來災難。
簡而言之，不合乎倫理的行動可能會給公司帶來短期的競爭力；
但是每個人都得照鏡子，並為鏡子裡的樣子負責。

參考書目

Blanchard, Kenneth H., and Norman Vincent Peale. 1988. *The Power of Ethical Management*. New York: W. Morrow.

Brenner, Steven N. and Earl Mollander. 1977. "Is the ethics of business changing?" *Harvard Business Review* 55:2 (Jan./Feb.): 57-71.

Carr, A. Z. 1968. "Is business bluffing ethical?" *Harvard Business Review*, 46:1 (Jan.-Feb.), 143-53.

Carroll, Archie B. 1987. "In Search of the Moral Manager." *Business Horizons* 30:2 (March/April): 7-15.

Carrol, Archie B. 1989. *Business and Society: Ethics and Stakeholder Management*. Cincinnati, OH: Southwestern Publishing.

Cavanagh, Gerald. 1984. *American Business Values in Transition*. 2nd ed. Englewood Cliffs, NJ: Prentice-Hall.

Cavanagh, Gerald. F. 1990. *American Business Values in Transition*. 3rd ed. Englewood Cliffs, NJ: Prentice-Hall.

Cavanagh, Gerald. F., Manuel Velasquez, and Dennis J. Mobert. 1981. "The ethics of organizational politics." *Academy of Management Review* 6: 363-74.

Delaney, John Thomas, and Donna Sockell. 1992. "Do company ethics training programs make a difference? An empirical analysis." *Journal of Business*

Ethics 11:9, pp. 719-27.

Donaldson, Thomas. 1989. *The Ethics of International Business*. New York: Oxford Univ. Press.

"Ethics in the news." 1994. *Business & Society Review* 91 (Fall): 5.

Freeman, R. Edward. 1994. Presentation at the 2nd Toronto Conference on Stakeholder Theory, University of Toronto.

Jones, Thomas M. 1991. "Ethical decision making by individuals in organizations: An issue-contingent model." *Academy of Management Review* 16(2): 366-95.

Kalmbach, William C., III. 1987. "International labeling requirements for the export of hazardous chemicals: A developing nation's perspective." *Law and Policy in International Business* 19:4, 811-49.

Kohlberg, Lawrence. 1981. *The Philosophy of Moral Development: Moral Stages and the Idea of Justice*. San Francisco: Harper & Row.

Kohls, John, and Paul Buller. 1994. "A decision tree for strategy selection in cases of cross-cultural ethical conflict." *International Association for Business and Society: 1994 Proceedings*, Steven L. Wartick and Denis Collins (ed.), pp. 38-43.

Nash, Laura. 1981. "Ethics Without the Sermon." *Harvard Business Review* 59:6 (Nov.-Dec.), 70-90.

O'Clock, P. and M. Okleshen. 1993. "A comparison of ethical perceptions of business and engineering majors." *Journal of Business Ethics* 12:9, pp. 677-87.

Pasquero, Jean, and Donna J. Wood. 1992. "International Business and Society: A Research Agenda for Social Issues in Management." *Proceedings* of the Conference on Perspectives on International Business: Theory, Research, and Institutional Arrangements. Columbia, SC: University of South Carolina, Center for International Business Education and Research.

Paul, Karen. 1992. "The impact of US sanctions on Japanese business in South

Africa: Further developments in the internationalization of social activism." *Business & Society* 31:1, 51-8.

Posner, Barry Z., and Warren H. Schmidt. 1992. "Values and the American manager." *California Management Review* 34:3, pp. 80-94.

Posner, Barry Z., and Warren H. Schmidt. 1987. "Ethics and American companies." *Journal of Business Ethics* 6:5, pp. 383-91.

Sampson, Anthony. 1973. *The Sovereign State of ITT.* New York: Stein and Day.

Trevino, Linda K., and Bart Victor. 1992. "Peer reporting of unethical behavior." *Academy of Management Journal* 35:1, pp. 38-64.

Velasquez, Manuel. 1992. *Business Ethics: Concepts and Cases.* 3rd ed. Englewood Cliffs, NJ: Prentice-Hall.

Victor, Bart, Linda K. Trevino, and D. L. Shapiro. 1993. "Peer reporting of unethical behavior." *Journal of Business Ethics* 12:4, pp. 253-63.

Ward, Suzanne P., Dan R. Ward, and Alan B. Deck. 1993. "Certified public accountants." *Journal of Business Ethics* 12:8, pp. 601-10.

Wood, Donna J. 1994. *Business and Society*, 2nd ed. New York: HarpeCollins.

第七章

不同社會環境中的企業倫理管理

專欄7.1　倫理測驗

當你身處下列情境，你會怎麼做？

(1) A國

某位政府官員告訴你，在該國經商有個慣例，就是得雇用一位
代表來幫你安排所有會議，或扮演公司與政府之間的介紹人。
而他剛好有位叔叔在這方面關係良好，也能勝任這項任務。雇
用他的成本相當便宜，佣金只抽這筆交易總金額的1%，基本工
資是五千美元，你覺得可以聘用這位政府官員的叔叔嗎？

(2) B國

你在一家歐洲公司的華盛頓辦事處工作，一位朋友邀請你去參
加宴會，宴會的主人是知名的韓國稻米貿易商，大家都知道他
對國會議員和政府官員有政治捐獻，你覺得可以參加這場宴會
嗎？

(3) C國

一位稅務員來訪，他說貴公司的稅金即將增加，不過如果你願
意私下支付一筆一千美元的個人開銷，那麼他就會儘可能降低
貴公司的稅款。你覺得可以用這種方式幫公司省錢嗎？

(4) D國

你被公司調到D國服務，首要之務是取得一張汽車駕照。到監理

站後，發現當地核發駕照的程序竟然得耗費三到六個月，而你的申請表可能會淹沒在一堆堆的申請表中。不過，這一切都可迎刃而解，只要你支付大約十美元給辦照的職員，你的申請表就會神奇地出現在成堆表格的最上面。試問，你會支付這十美元嗎？

(5) E國

你被派駐E國並計畫在當地興建一個化學工業區。當你和政府部門接洽時，預定地附近有個當地商人團體主動扮演「贊助者」角色，努力說服當地政府讓貴公司順利在該地設立工業區。事成之後這些「贊助者」跑來向你索取一筆服務報酬，但是你並不覺他們的服務成果值得支付這筆款項，不過如果沒有他們的協助，這項計畫又會胎死腹中。你會支付這筆酬勞嗎？

(6) F國

你接到一張婚禮請帖，是一位只有一面之雅的政府高官的女兒要出閣。當地婚宴送禮的習俗相當奢浮；倘使收到喜帖卻不送禮，對主人家相當失禮。當你同時得知其他競爭對手都會送禮，特別是某家德國廠商打算送大禮時，你會不會送上這份禮物？

　　上述情境改寫自某大型多國籍企業的運輸部門在1980年中期設計的倫理測驗，測驗的目的是為了要處理國際商務中倍受爭議的企業捐輸問題。第一次派駐國外的經理人都得接受這項測驗，而其答案都會和部門的期望相互比對、討論，以便找出適當的解決方法。當經理人的答案異於資深管理階層，經理人及其上級便會針對這些短文情節再次討論。公司內部的政策聲明和倫理章程也是為此目的而設，不過執行人員相信，捐輸的

原則最好是透過案例的討論加以確定，而不是依據聲明來告知
「孰可孰不可」。這家公司的運輸部門認為，只有D國申請駕照
的案例可以略施小惠，其他案例中的企業捐款都不被允許。

　　這些倫理測驗突顯企業倫理管理在不同社會環境中面臨的
基本衝突。由於不同社會對於倫理的要求和界定不同，導致個
別員工產生困惑，而困惑的員工可能採取有害公司生存的行動。
所有的倫理決策最終都是個體決策，而個體又會受到文化、制
度和組織的影響。因此，想在不同社會進行倫理管理，就得處
理這個問題：*如何創造並維持組織或單位內部的倫理氣候，不
僅容許個體的倫理差異，還要促進組織的健全與達成既定目標。*

在不同社會環境中管理企業倫理的方法

　　多國籍企業發展出在不同社會中管處企業倫理的方法，通
常會包含三個主要的變數。就歷史面來看，多國籍企業在管理
企業倫理時都會強調這些變數。

(1) *個體*以及所有可能影響個體決策程序的倫理。
(2) 個體所在的*地主國社會*，特別是該社會對個體倫理的期望，
　　以及當地人民自律的方式。
(3) 多國籍公司的*母國社會*對個體倫理的期望。

　　多國籍企業因應不同社會最早採取的企業倫理管理方法是
所謂的「倫理帝國主義」（ethical imperialism），這種方法要求地
主國社會改變其倫理期望，以符合母國社會的倫理期望。因此，

當一家美資多國籍企業在宏都拉斯設立子公司，公司要求經理人和員工的行為表現比照美國公民，遵守美式的對錯標準，無視宏都拉斯當地社會的習俗與常規。「醜陋的美國人」不僅是一部諷刺漫畫，而是現實的常態。1970年代中期有許多著作都質疑美國多國籍企業展露的文化支配性格，譬如Barnet和Mhuller在1974年合著的《全球範疇》（Global Reach），或Servan-Schreiber在1969年撰寫的《美國的挑戰》（The American Challenge）。雖然倫理帝國主義的殘跡仍存，但現已逐漸被多國籍公司揚棄。

倫理帝國主義的式微可歸因於人們對文化遺產和傳統的日益重視，或是世界性的交流日趨複雜。不過，最重要的助力可能單純只是企業的全球化趨勢。倫理帝國主義之所以出現，肇因於多國籍企業與地主國社會之間不平等的權力關係：當多國籍企業對地主國的付出（如工作、技術或產品）遠超過地主國所能回饋時，倫理帝國主義就會不可避免地現身。不過，隨著全球化的腳步加快，這種權力關係會出現有利於地主國的改變。更多的多國籍企業相互爭奪地主國的資源和市場，而且，當多國籍企業在地主國經營愈久，當地社會的土地徵收、國家化和其他政治或社會的反對聲浪帶來的影響就會愈大。儘管如此，從經營者的角度來看，倫理帝國主義是在不同社會環境中處理企業倫理的簡單方法，因為「若不接受我們的倫理規範，我們就撤資」。

第二種方法是倫理相對主義（ethical relativism），主張「入境隨俗」，乍看之下似乎是和倫理帝國主義處於兩個極端。「入境隨俗」方法立基於如下觀念：不論地主國的倫理標準為何，只要企業想在當地經營，就得遵照當地的對錯標準和倫理準則。

只要多國籍企業經理人遵守當地風俗，其倫理決策將不會演變成為一個議題。當多國籍企業從地主國社會聘雇的員工增加，而倫理帝國主義又明顯式微時，「入境隨俗」方法就吸引更多企業採用。因此，管理國際企業倫理又多了一個方便法門：只要適應所有地主國社會的倫理期望即可。

　　「入境隨俗」方法在現代仍然流行，但已逐漸失寵。地主國社會之所以喜愛這種方法，是因為她們可以「自訂規則」，隨便一個當地的說客就能說服天真的多國籍企業經理人（第六章曾提及「容易受騙的經理人」），甚至計誘其進行符合當地倫理標準但卻不合法的行為。第六章也曾提到卡爾·卡臣在日本行賄的例子，只是很難相信那僅是因為說客的建議和為了符合當地風俗。卡臣採取「入境隨俗」理論，不過他的行為不只錯失飛機銷售的機會，同時還引發全球性的航空業醜聞。

　　「入境隨俗」方法之所以逐漸退流行，另一個原因是它錯誤地預設：駐外經理人如能入境隨俗，採納當地的倫理規範，就能和本地經理人一樣受到同等待遇。事實證明，這種預設並不正確，畢竟外國經理人總是外國人。譬如最近一項針對協商活動所做的研究顯示，即便美國人試著依照日本或韓國的協商規範和價值行事，他們也不會被當成「本地」日本人或韓國人對待（Francis, 1991），反而「促使當地批發商轉而為本地人服務。因此他們建議想要採行『入境隨俗』方式的人應三思而行」（p.425）。

　　「入境隨俗」方法也忽略了母國社會的期望，而母國社會也愈來愈積極地調整其倫理期望，1977年美國海外行賄法（第三章曾提及）顯然是這類努力的開端。而「入境隨俗」法在國

會有關立法的爭辯中也不具影響力。同樣在1980年代，在南非的美商最後必須承認母國社會利害關係人的倫理要求，他們堅持公司得遵守蘇利文原則（Sullivan Principle）[1]，否則威脅全面撤資；在南非的日商也面臨類似壓力（Paul, 1992），一連串的問題使「入境隨俗」論點的地位崩跌。最近部分德商、法商和美商軍售伊拉克總統海珊和利比亞狂人格達費，其交易的倫理標準受到母國社會利害關係人強烈質疑，「入境隨俗」方式再次受挫。

最後，「入境隨俗」方法完全忽視伴隨大型多國籍企業出現的全球性利害關係人。當多國籍企業逐漸轉向採行「市場等距」（equidistance from markets）策略，母國社會和地主國社會的期望愈來愈扯不上關係（Ohmae, 1989），反而是跨國利害關係人逐漸展露其影響力，如環保份子、人權組織、恐怖份子和各種國際制度的推動者。

儘管倫理帝國主義和入境隨俗方法都是處理國際企業倫理的簡便法門，但這兩者均非有效。進步的企業會轉而採取第三種辦法——**跨國企業法**（transnational approach）——雖然更複雜，風險也更大。這個方法立基於如下觀念：多國籍企業必須檢視自身在價值上的基本立場，發展出支持這些立場的原則，而後才來應用這些原則。其結果便能從許多社會裡汲取出企業的倫理立場，並界定出企業在國際範疇中的定位。

跨國企業法比倫理帝國主義或入境隨俗理論更複雜，因為

---

[1] 蘇利文原則係由美國一位南非人權份子Rev. Leon Sullivan所頒，是多國籍企業在南非經營的準則；遵守蘇利文原則一度由會計師公司的Arthur Andersen監視把關，直到Rev. Sullivan在1983年宣稱，南非需要更強而有力的準則以促進社會和政治改革。

它既不遵循既定的一組倫理準則，也不會完全符合母國社會或地主國社會的期望。由於資深管理階層必須面對做出抉擇以及展現企業行動背後的價值觀，使得此法的風險性頗高。企業不能用社會壓迫做藉口而從事不符合倫理的行為，倫理原則的檢視與強迫程序都應公開並說明。

　　本章一開始提出的倫理測驗是企業如何運用跨國企業法的實例。但是，所有的企業都只能接受D國的情境，而認定其他情形都是錯誤的作法嗎？告訴經理人不應參加韓國商人舉辦的宴會（B國），這不是侵犯隱私的舉動嗎？如果在D國支付的「小意思」價值更高（比如1,000塊美金），此舉是否還能被接受？當你認為沒有「贊助者」（E國）的協助，計畫就會「胎死腹中」，那你又如何判定其服務成果究竟值不值得你支付這筆款項？運用跨國企業法，可以回答這些問題的提出不僅合理，並且還要加以回答。總之，資深管理階層將會決定最後的倫理立場，讓企業的營運有遵循的標準。

創造和維持倫理氣候：結構狀況

　　如同一般企業，多國籍企業若想創造和維持倫理氣候，就得建構一個支持性的結構。組織內部出現不符合倫理的決策與實務可能是一顆「老鼠屎」作祟，也有可能是整鍋老鼠屎壞事（Trevino and Youngblood）。以跨國企業法處理倫理問題，更能彰顯結構議題的重要性。

　　依據Gellerman（1990）的整理，與企業倫理有關的結構要素雖然相當多，但大致可包括下列三項：(1)建立經營的倫理準

則，(2)降低犯錯的誘因，(3)提高曝光的風險性。專欄7.2對這些結構要素有更深入的介紹。譬如，建立經營的倫理準則有助於闡明期望，並將焦點擺回個人責任。同樣地，降低犯錯的誘因，確實可讓組織的賞罰與組織的倫理利益一致。而提高曝光風險則能增進倫理的推論程序。不過，與多國籍企業運作特別有關的要素也值得檢視。

建立操守準則

　　許多美國企業的經理人已經熟悉操守準則（codes of conduct）。1980年代採行操守準則的美國多國籍企業數量大幅成長，歐洲、日本和其他開發中國家的多國籍企業，在發展操守準則上雖然腳步稍緩，但也急起直追。

　　至於非美籍多國籍企業操守準則依循的標準，則部分來自於幾個國際組織，如聯合國貿易與開發委員會（UNCTC）、經濟合作與發展組織（OECD）和國際商會（ICC），每個國際組織都會提供多國籍企業相關的操守準則。整體來看，這些操守準則關懷國家主權、市場整合、社會平等、組織自主權以及人權等大型事務。歐盟一直為有意進軍南非的企業提供更特定的操守準則，世界衛生組織也為那些在全球行銷球奶粉配方的廠商訂立準則（Paul, 1989）。這些操守準則雖無法律的約束，但其影響卻不容忽視，因為(1)它們為具有影響力的多國籍企業利害關係人提供參考標準，以及(2)它們可能是未來國際法規的前身。

　　企業操守準則為多國籍企業倫理氣候的管理提供許多建言，一般企業面臨操守準則的相關議題，多國籍企業同樣也得

專欄7.2　管理企業倫理的主要結構要素

建立操守準則

將未言明或不明確的標準說清楚講明白。

因為忽略或錯誤假設導致犯錯的機會將大幅減少。

個體（而非組織）才是倫理決策的核心。

降低犯錯（misdeeds）的誘因

給予績優者高度獎勵，績效拙劣者則給予明確的嚴厲處罰。

留意對於可疑行為的默許可能導致的後果。

提高曝光的風險性

清楚區別孰為可接受和不可接受的行為。

強調並討論倫理議題。

建立曝光機制。

資料來源：Gellerman,1990

面對，收支平衡即為一例。操守準則不能無所不包，儼若法律文件一般，但也不能專指公共關係。操守準則必須夠明確，讓員工可援以拒絕從事某些行動，其執行必須合理、公平且前後一致。

　　多國籍企業在發展操守準則時會碰到一個重要問題：該把什麼主題涵括在內？這個問題會重新突顯倫理帝國主義、入境隨俗和多國籍企業理論三者的差異。強調倫理帝國主義的多國籍企業，會在地主國社會中執行母國的行動標準；採取入境隨俗法的多國籍企業會遵循地主國的標準；至於採用多國籍企業法的公司，則會採納折衷做法。

　　一項針對不同國家多國籍企業倫理準則所做的研究顯示（表7.1），美國和歐洲多國籍企業的對比最爲有趣。請注意，歐洲企業較重視員工行爲和創新／科技，但美國企業較重視供應商、包商以及政治利益。這種發現不禁讓人猜想，典型的美國多國籍企業如果在歐洲大規模施行其倫理準則，會產生什麼效果？同樣的，歐洲多國籍企業也在美國施行其倫理準則，效果又會如何？姑且不論議涵括的範圍，企業操守準則最重要的面向是：它必須牢固地建立在根本的原則上。

　　不過，我們不應誇大各種利害關係人在操守準則中的重要性（即便利害關係人的層次和重要性各有不同）。最近在總裁MBA課程中流行討論一項議題，即辨識孰爲兼具合法與倫理的作爲。

表7.1　多國籍企業倫理準則處理的議題

	英國 n=33 %	法國 n=15 %	德國 n=30 %	歐洲 n=75 %	美國 n=118 %
員工行爲	100	100	100	100	55*
社區和環境	64	73	63	65	42
顧客	39	93	67	96	81
股東	39	73	60	54	NA
供應商與包商	21	13	20	19	86*
政治利益	12	20	17	15	96*
創新和科技	6	20	60	33	15*

*代表歐洲和美國之間的差異達到顯著水準

資料來源：Langlois and Schlegelmilch, 1990

許多提議由於合夥人在聘用員工或製程安排上採取不符合倫理的作爲而被否決——即便是兒童飲用的檸檬水，也因爲廠商雇用非法外勞採摘檸檬而被認爲不符合倫理。在處理國際企業倫理問題時，供應者與夥伴關係的重要性，更甚於成本提高或誇大產品效用等問題。專欄7.3列出Levi Strauss公司部分的操守準則，藉以說明企業如何運用有組織的方法，處理世界各地複雜的夥伴關係。

專欄7.3　Levi Strauss & Company，企業夥伴的契約條件

　　我們關懷全球各地的企業夥伴，也重視貨品採購國家的政治和社會議題。

　　此處定義的契約條件係指由企業合作夥伴所控制者。

(1)　環境要求：我們只和致力於維護環境的廠商合作。

(2)　倫理標準：我們尋求致力於辨識和利用有相同倫理標準的企業合夥人。

(3)　健康與安全：我們只和重視勞工工作健康與安全的廠商合作，企業夥伴在提供勞工住宅設備時，也必須提供健康與安全的設施。

(4)　法律要求：我們期望企業夥伴守法，相關的企業行爲必須遵守法律的要求。

(5)　雇用策略：不強迫員工，不讓員工身體安全受到威脅，允許員工自組工會而不剝奪其權力，同時還必須遵守下列守則。

　　● 薪資與津貼：合作夥伴必須給付員工薪資與紅利時必須遵守相關法令規定，或與當地多數同業相近，並達

成促進社區成長的承諾。

- 工時：工時強調彈性，但仍仿效當地工時機構，不蓄
  意要求員工超時，並支付超時津貼。公司員工每周上
  班時數不超過60小時，而且周休一日。

- 童工：不准雇用童工。「童工」是指不滿14歲，或未達
  到受義務教育年齡的兒童。我們不會與雇用童工的企
  業合作。為了兒童的教育權益著想，我們支持發展合
  法的學徒制計畫。

- 歧視：尊重文化差異，相信聘雇勞工的條件是能力，
  而非其人格特質或信仰。

- 懲戒處理：不使用體罰或其他折磨身心的行為。

資料來源：Levi Strauss & Co., Worldwide Policy. Levi Strauss & Co.，P. O. Box 7215, San Francisco, CA 94120

降低犯錯的誘因

從最終行動的角度來看，由於組織會對個體的倫理決策及其後果做出獎懲，所以組織對個體倫理決策的影響相當大。

試想本章開頭的倫理測驗中提到的C國情境，是否要以一千美元賄賂稅務員，最後決定權落在個體身上，但是部分的決定則來自組織。倘使經理人給付一千美元並向上級據實以報，上級認為此舉幫助公司節省龐大稅款而獎勵該經理人，公司傳達的訊息相當清楚。假使經理人決定不付款，造成公司稅賦加重而遭撤職，公司傳達的訊息也非常清楚。

組織結果論如何成為個體做倫理決策的要素之一？回想第六章，瓊斯（1991）指出有五項因素會影響倫理衝突的強度：

結果的強度、社會共識、影響的機率、即時性以及鄰近性。對
組織而言，這五種因素都可以下降到個體層次，作為獎懲系統
的基礎。例如，迅速及合理的應用清楚的倫理善惡結果，將會
影響個體倫理決策時對實行的可能性和時間的急迫性的認知；
而期待人們針對對錯說明將在組織的社會共識的一致性上加強
相似性和倫理因素的重要性。因此，當創造及維持倫理氣候的
另類迷思再起時，獎賞制度也會隨著改變。

　　最後，在組織賞罰發揮到淋漓盡致時，值得注意的是行為
科學的制約效果。行為科學指出，當你想讓某種行為發生，只
要在該行為發生時不斷獎賞即可。但這項理論卻讓倫理績效與
經濟績效重疊，對組織造成進退兩難的窘境，圖7.1對此重疊狀
況有深刻的描述。

　　如果世界上只有情境(1)與(4)，那就是最完美的了。高度的
經濟績效結合高度的倫理績效，低度的經濟績效結合低度的倫
理績效。這些情勢並沒有創造出具有誘因的問題：(1)獲得獎勵，
(4)被開除。情境(2)與(3)則令人處於兩難；例如，在情境(3)中，
究竟企業該如何酬賞循正途行事但卻沒有利潤可言的員工，就
如同Control Data公司的威廉‧諾理斯（William Norris）被非難
的情形一樣。而在情境(2)，類似Beech-Nut蘋果汁詐欺案一樣，

圖7.1　獎懲體系

經濟貢獻	倫理貢獻	
	高	低
高	(1)循正途並賺錢	(2)以不符倫理的手段獲利
低	(3)循正途但不賺錢	(4)手段既不符倫理也未獲利

當你的員工以不符倫理的手段爲公司創造利潤，你又會如何處理？這兩種情境都源自於組織對個體的獎懲，也與組織的文化與價值息息相關。

　　當組織輕忽倫理或經濟績效，獎懲系統就會出現瑕疵。譬如，倘使倫理績效不受重視，情境(1)與(2)的行動者就會獲得獎勵，情境(3)與(4)的行動者就會受到懲戒，這種不重視倫理的結果會導致組織內部充斥欺詐和犬儒思想。相反的，當企業不重視經濟績效，情境(1)、(3)的行動者就會得到獎賞，手段不符倫理的(2)、(4)行動者就會受到懲罰，這類酬賞系統會造成經濟上的自滿，以及缺乏競爭力。總之，經濟與倫理必須是組織獎懲系統的一體兩面，且賞罰與行動必須前後一致。

　　回到多國籍企業的範疇。經濟績效是跨國性的，企業獲利的方式或許因國而異，不過，倘使獲利是企業的主要目標，社會疆界勢必會被超越。另一方面，只有最積極的企業才認真在其跨國實務中考量組織倫理。對多國籍企業而言，除非公司的酬賞系統與其倫理價值與常規契合，否則獎懲系統的兩難還是會一再出現。

提高曝光的風險

　　爲了減少企業可能犯下的錯誤，管理倫理氣候的第三個結構要素是創造某些機制，用以揭露符合倫理與不符倫理的行動，這些機制包括「交流熱線」、倫理事務評審員或「倫理測驗遊戲」等。就這些機制的長期效用來看，倫理陪評審員的設計成本太高，而且可能做出錯誤判決，因此並不是適當的設計。儘管如

此，面對倫理問題的態度，企業還是應該堅持「講清楚、說明白」。

結構與倫理議題

組織透過結構反應來處理倫理議題的方式非常有趣，下列三種與組織倫理相關的重要陳述可以說明此情形：

● **倫理氣候是一種由上到下的程序**：組織內部的上級長官是倫理衝突的主要來源，創造和維持倫理氣候因而是一種由上而下的程序。
● **誠實是最大的問題**：倫理衝突最主要的議題是誠實溝通。
● **低階層級存在大量的倫理衝突**：組織層級愈低者，愈容易遇到倫理衝突的問題。

光是單一社會企業處理這些問題都頗為棘手，遑論多國籍企業。那麼，多國籍企業的結構該如何處理這些問題？

倫理氣候是一種由上到下的程序。組織倫理「由上到下」原則會牽引出種族中心主義議題。當多國籍企業資深管理階層大多來自於母國社會，他們如何瞭解多元文化標準可能產生的影響？以1991年美國前一千大公開發行公司的總裁排名為例（Bremner, Ivey and Grover, 1991），前一千名總裁中只有30位不是美國人，同時也不在美國接受教育。這30位總裁當中，來自阿根廷、日本、大陸和巴基斯坦各一名，另外26人分別來自加拿大、西歐、南非和澳洲。前一千大企業中，多數公司雖然將

自己定位為多國籍企業，但非美裔高階主管寥寥可數，這項事實令人印象深刻。當然，日本公司聘雇美籍總裁，或歐洲公司任用中國籍總裁的狀況也是例外中的例外。高階主管皆來自母國，或許能夠發展及維持內部的倫理結構，但卻容易陷入倫理帝國主義的危機。

誠實。對多國籍企業來說，跨文化溝通上最廣為人知的難題，是如何將誠實溝通的問題降到最低？以法國勞工為例，法國工廠的勞工因為工會組織與社會文化因素，經常被視為可以完全瞭解工作狀況且能自我管理的一群，因此法國人通常不需要職務說明書。如果今天有位美國經理人堅持法國子公司必須詳列職務說明，當地員工可能會誤認為自己不被信任。同樣地，一家瑞士公司在美國賓州的艾爾土納設廠，如果當地社區要求該公司提供社區服務（瑞士的社會服務主要由政府提供），那麼有關缺乏社會責任認知的倫理議題，甚至是不誠信的議題都會產生。

溝通上的誠實問題同時存在於企業內外部。稍早在第六章提到卡姆巴赫（1987）的有毒原料出口案，開發中國家仰賴農藥與除草劑進口，讓農作物豐收，以供應全國需求。在沒有國際管制的情況下，企業有三種作法可供選擇：「他們可以不管三七二十一，唯地主國法令是從；或遵守母國的環保標準；或者他們可以要求『產品或服務必須符合保護環境及消費者的標準，以避免消費者被不實廣告誤導』。」（Kalmbach, 1987:823-4）事實上，傳播程序上的疏忽所犯下的錯誤和執行失當一樣嚴重。

組織低階層級的倫理衝突。組織內的低階層級最容易發生倫理衝突，原因在於：

- 組織提供的誘因可能以特定績效爲標的，而不管達成目標的手段。
- 低階層級的員工對非組織性的誘因或目標較感興趣，倫理衝突的機會因而增加。
- 低階層級的員工可能較難內化公司的價值與規範的要求。
- 低階層級的員工承擔的風險較少，較不關心組織是否施行倫理抉擇。

　　如此看來，當企業把多數低階職位保留給地主國人民，這種雇用策略是否會讓多國籍企業面臨更大的倫理風險？許多多國籍企業把職位保留給中高階主管，而組織內低階人力則在當地社會中尋找，以便將勞動成本降低，俾益提升企業的競爭力。

　　結構顯然是創造和維持組織氣候的重要因素，結構既能接納個體倫理的多樣性，又能兼顧組織整合與目標達成，不過這還是不夠的。在多國籍組織內部，會影響倫理氣候的非正式組織程序得靠倫理規約、完備的組織獎懲體系、以及不符倫理行爲的曝光機制加以補充。結構的反應是必要的，不過單靠結構反應是不夠的。

創造與維持倫理氣候：程序狀況

　　在組織結構中，組織高層主管、下屬和同儕之間的非正式互動是決定倫理氣候的關鍵。上述討論的所有結構都可能出現，不過如果沒有倫理互動的支持，結構要素將不具重要性。顯而易見的，與人際互動有關的非正式程序的發展，是有效管理企

業倫理氣候的必要條件。對多國籍企業來說,最重要的兩項非
正式程序是:(1)**以價值共享取代價值差異**,以及(2)**建構組織文
化**。

以價值共享取代價值差異

　　個體擁有的不同價值是倫理決策得以形成的重要基礎,而
個體價值的發展是家庭、教育、同儕、宗教、文化和其他價值
形成機構與經驗的函數。對單一公司來說,個體的價值變異性
明顯少於多國籍企業,多國籍企業必須面對個體價值的多樣性。

　　面對跨文化倫理或全球倫理,經理人和學者同樣都把焦點
擺在**價值差異**。由於入境隨俗觀念的普及,許多多國籍企業學
習到要尊重和容忍地主國的價值,所以,日籍經理人在經營一
家美國工廠時,必須尊重和容忍個人主義——這是美國文化不
可分割的一部分;而美籍經理人在東歐經營子公司時,就得尊
重和容忍回教的性別隔離文化。通常,接納不同意見的基本條
件,就是承認並強調差異的存在。在企業內部,接納是為了要
有效率地管理價值差異,不過,這個目的經常會引發倫理衝突
以及多國籍企業經理人的挫折感。

　　從跨文化價值差異的比較研究中可以得知:

● 　當亞洲及美洲的經理人被問到這類價值差異問題「如果你
　　和不會游泳的妻兒與母親同船,船不幸沈了,而你只能救
　　一個人,請問你會救誰?」,**60%**的美洲經理人會選擇小孩,
　　40%的美洲經理人選擇妻子,而所有的亞洲人則不約而同地

選擇母親（McCaffrey and Hafner, 1985, in Daniels and
Radebaugh, 1989: 86）。

● 匯整50國多國籍企業員工116,000人的答案，發現荷蘭及北
　歐人「較重視社會需求，而非自我實現」（Hofstede, 1983, in
　Daniels and Radebaugh, 1989: 92）。

　　許多知名商業雜誌介紹的各種態度比較研究顯示，個體價
值的不同是再平常不過的事。我們可以從這些研究（見表7.2，
以上班族評分表為例）中再度印證不同社會中的個體差異，價
值、倫理、態度、語言、認知、決策等全都具有跨文化意涵，
而多國籍企業經理人得學習認識、尊重和容忍這些差異。
　　管理多樣的價值固然重要，但是共同價值的決定更為重要。
企業應該嘗試從主管、下屬和同儕之間的互動中擬定出共同價
值，使認知、尊重和容忍個體差異成為可能；倘使忽略共同價
值，多國籍企業經理人將錯失創造及維持組織倫理氣候的良機。
《工業週刊》（Industry Week）在1993年曾做過國際職場價值調
查，顯示全球的個體價值已經開始轉變，但組織價值的發展卻
一路落後。譬如，受訪者建議其組織應該更開放，營運訊息應
該適度揭露（ “US Global Values, Compared”, Industry Week,
1994）。這項發現與本書第十章的觀察不謀而合，全球的倫理價
值朝著保護人權的方向發展，包括言論自由，以及個體決策對
充分與正確資訊的需求。
　　不過問題是，共同價值在哪裡？多數多國籍企業經理人知
道價值差異性該如何分類，但卻不知道該如何發展共同價值。

表7.2　上班族工作評分表

評等項目	美國 %	歐盟 %	日本 %
對工作感到滿意	43	28	17
對公司的產品及服務與有榮焉	65	37	35
相信誠實與倫理管理	44	26	15
認為薪資優渥	40	26	16
認為對公司有顯著貢獻	60	33	27
相信工作績效良好有助於達成人生目標	53	65	31
認為管理必須考慮到家庭需求	35	19	21
想要一開始就把事情做對	67	40	30
工時太長	21	31	33
無解雇之虞	56	56	50

資料來源：Fortune, November 4, 1991. Louis Harris & Associates.
©19 Time Inc. All rights reserved.

　　發掘共同價值必須從團體下手。雖然不同的個體有不同的價值導向，但個人最終仍屬於團體，因此團體可能會展現出共同價值。費德瑞克（Frederick）與韋伯（Weber）（1987）在運用羅基奇（Rokeach）價值調查方法研究美國企業經理人、工會成員與社會運動份子的團體共通性（及差異性）時，證明這項原則的真實性。隨著企業的全球化，企業也會逐漸採用全球管理價值。這種價值組合（value set）不必然會和團體中每個個體的價值一致，但卻會含納團體的共同價值。這種「企業管理價值組合」的演進會跨越社會邊界，反應出對於價值「聚合性」（相

對於「離散性」）的支持。

　　1980與1990年代的經驗研究支持管理價值的聚合理論。Wartick（1995）最近完成一項與費德瑞克和韋伯類似的研究，他以美籍與非美籍經理人爲對象，研究其價值偏好。表7.3的數據指出樣本中147位資深經理人對羅基奇價值調查的總體反應，其中87位美籍經理人來自各產業領域（如電訊、汽車與化工），年齡從29-57歲不等，與60位非美籍經理人所屬的產業類別與年齡相似，這些非美籍經理人來自肯亞、日本、英國和巴西等地。

　　羅基奇的價值調查要求受訪者排列18項終極價值（final values）和18項工具價值（instrumental values）的順位。147位受訪者當中，沒有人填答的順序是相同的，但是在把個人想法匯整成團體意見之後，卻發現顯著的共通性。例如，對這兩群人來說，在所有終極價值中，「家庭安全」、「自我尊重」、「自由」、「快樂」和「成就感」這五項同時被列爲最高等級，而分列順位底層的項目也大同小異。在工具價值方面，「誠實」、「責任」、

表7.3　美籍與非美籍資深經理人的共同價值

美籍經理人的終極價值		非美籍經理人的終極價值	
家庭安全	4.25(3.29)	家庭安全	4.25(3.29)
自我尊重	6.81(3.86)	成就感	6.50(4.52)
自由	6.83(4.67)	自我尊重	6.81(3.86)
快樂	6.95(4.32)	自由	6.83(4.67)
成就感	7.40(4.82)	快樂	6.95(4.32)
成熟的愛	7.88(4.23)	內在和諧	8.16(4.36)
內在和諧	8.16(4.36)	舒適生活	8.26(5.49)
真實友情	8.81(4.49)	成熟的愛	8.55(3.76)
智慧	8.94(4.85)	智慧	9.61(4.85)

舒適生活	10.36(4.76)	刺激的生活	9.68(5.59)
刺激的生活	10.55(5.00)	真實友情	10.18(3.95)
救助	10.88(6.72)	滿意	11.30(4.54)
滿意	11.30(4.54)	和平世界	11.38(4.36)
和平世界	11.38(4.36)	公平	11.63(4.07)
公平	11.63(4.07)	社會認同	11.63(4.40)
國家安全	12.80(4.59)	救助	12.57(6.42)
美麗新世界	13.61(3.74)	國家安全	13.06(4.63)
社會認同	13.80(4.23)	美麗新世界	13.61(3.74)

美籍經理人的工具價值		非美籍經理人的工具價值	
誠實	3.04(2.74)	誠實	4.53(3.86)
責任	4.83(3.63)	責任	5.88(3.47)
能力	6.85(4.26)	能力	6.38(4.65)
野心	7.47(5.28)	心胸寬廣	7.63(4.38)
獨立	7.71(4.28)	野心	7.91(5.36)
邏輯	8.90(4.06)	勇氣	8.45(4.06)
愛	8.96(4.80)	邏輯	8.80(4.44)
勇氣	9.00(4.16)	獨立	9.00(5.13)
心胸寬廣	9.43(4.38)	知識	9.15(4.76)
精神	9.75(4.55)	愛	9.45(4.81)
知識	9.98(5.09)	自我克制	10.00(4.81)
有用	10.44(4.39)	想像力	10.10(5.37)
想像力	10.49(5.59)	有用	10.53(4.30)
寬恕	10.59(4.54)	寬恕	11.55(4.90)
自我克制	11.47(4.31)	精神	12.03(4.36)
禮貌	12.29(3.80)	禮貌	12.10(4.01)
乾淨	14.52(3.38)	乾淨	13.15(4.87)
服從	15.08(3.60)	服從	14.31(4.54)

(N=87位美國人與60位非美國人；括弧的數字為誤差標準)。

資料來源：Wartick, 1995

「野心」、「能力」被列爲最高等級,「禮貌」、「乾淨」和「服從」則位於順位底層。

　　如果用傳統的方法管理多元價值,肯定把焦點擺在兩個團體之間的差異。不難想像美國公司會在講習會中告誡首次派駐海外的經理人:「如果你的下屬較不重視快樂價值,反而重視成就感、心胸寬大、社會認同等價值,千萬別太在意」。相反地,強調共通性的講習班會告訴學員,處理組織內的人際關係可以多談家庭、自我尊重、誠實、責任、野心和能力。於是,先前的論點就會變成:「對於達成多國籍企業的組織目標而言,什麼才是較重要的事務?改變管理的價值,使其與地主國的價值觀念相仿,或者是從共同價值的角度出發,告訴經理人何處是行爲的起點。」無庸置疑的,價值差異和共同價值都應予以重視,它們都是有效管理多國籍企業倫理行爲的起點。

　　另外,從意識型態中也可以找到共同價值。第二章曾提及,意識型態提供社會理想和運作藍圖,以及事情應如何進展的面貌。在不同社會皆採取相同的意識型態,可以發現共同價值對管理文化差異頗有助益。

　　譬如,世界上主流的經濟意識型態逐漸走向自由企業資本主義,不過,自由企業資本主義的「藍圖」究竟意指爲何?是否只是指私人財富、市場和干預力量極小化的政府?卡瓦納(Cavanagh, 1990)將意識型態界定爲相互關連而非單獨存在的「價值群」(a constellation of values),因此,任何單一價值除非與意識型態中的其他價值產生關連,否則不具意義。圖7.2說明自由企業資本主義意識型態的各種價值彼此間的關係,這般陳述勾勒了一張可供遵循的藍圖。再者,爲了瞭解自由企業資本

圖7.2　自由企業資本主義意識型態之價值

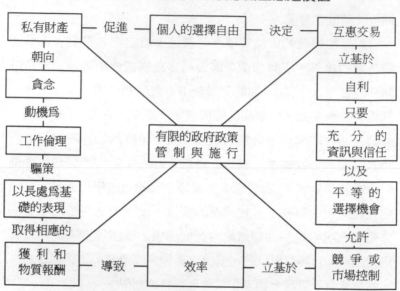

資料來源：摘錄自Davis, Keith, William C. Frederick, and Robert Blomstrom. 1975. *Business and Society: Environment and Responsibility*. New York: McGraw-Hill. Reproduced with the permission of the McGraw-Hill Companies.

主義，這張藍圖必須被採用和推廣。意識型態可以增強分屬於不同文化的個人和群體之間的共享價值（而非差異）。

建立組織文化

　　除了強調人際關係具有的共享價值外，建立組織內部濃厚的倫理氣候也是組織倫理管理的一部分。簡而言之，倫理氣候係指可促進或阻礙決策形成的制度性共享價值。更精確的說，

企業文化可以被界定爲：

> 習慣性的或傳統的思考和行事方式，這套方式或多或少
> 是由所有組織成員共享，而新成員必須學習，至少得部
> 分接受這套方式。（Jacques, 1951.）

　　這個四十多年的老定義指出，企業文化不只是1980和1990
年代流行的觀念，而制度化的共享價值是創造有效倫理氣候的
基礎。企業文化中的倫理氣候有時會展現支持的力量，有時會
展現殘酷的力量。曾經有人針對豐田汽車公司（TOYOTA）做
過研究（Kamata, 1982:31），發現在1980年代，這家汽車製造廠
每年都有20名員工自殺。其中一名任職於Tsutsumi工廠的員工因
爲動作太慢，在同仁面前遭上司責罵並要求公開道歉之後仰藥
自盡。

　　倫理氣候的研究才剛起步，可能的研究重點擺在倫理氣候
的類型學（如圖7.3所示）。

　　Victor和Cullen（1988）結合三種分析層次（個人層次、地
方層次、國際層次）和倫理決策判準的類型（利己、功利和道
義），創造出九類不同的倫理氣候。其中，每一種倫理氣候類型
都擁有某種可以左右組織決策的核心焦點（私利、團體行動、
社會責任）。Victor和Cullen在實證分析中，只從九種理論上可能
存在的文化型態中找到六種，分別是：(1)專業，(2)關懷（友情、
公司利益與團體行動的綜合體），(3)規則，(4)工具性的（自利），
(5)效率，以及(6)獨立自主（個人道德）。這些倫理氣候類型提供
一個方便法門，有助於確認、分類和討論倫理氣候，不過重點

圖7.3　倫理氣候類型

判準類型	分析層次		
	個人層次	地方層次	國際層次
利己主義	自利	公司利益	效率
功利主義	友情	團體行動	社會責任
道義原則	道德	規則和管制	律法或行規

資料來源：Victor, Bart and John Cullen. 1988. "The organizational bases of ethical work climates." Administrative Science Quarterly 33:1 (March):101-25.

仍在於倫理氣候同時是共享，也從學習而來。

　　組織的倫理氣候和企業文化一樣，都是從價值共享開始，擴展到假設（「我們應該從何處開始思考倫理議題？」）與操作意義（「我們應該如何完成任務？」）。同樣地，倫理氣候和企業文化的學習管道很多，除了本章稍早提及的結構性活動之外，組織裡「英雄」與「狗熊」的故事，以及主管、下屬與同儕的日常行動與決策，也都是學習上的參照。誠如威因（Schein）在1985年對企業文化提出的建言，除了結構性因素外，其他非正式的因素也會影響倫理氣候，譬如組織領導者關注的事物、評價和控制，以及組織領導者對突發事件和組織危機的處理方式等等。最後，值得一提的是，倫理氣候與企業文化一樣，俾益企業認同的產生、支持任務的達成與策略的改變，也有助於解決危機，並作為例行決策的指導。

　　從多國籍企業的角度來看，與倫理氣候有關的基本問題是「企業的國際業務立基於什麼樣的原則？我們的立場是什

麼？」本書第六章曾提到賓州大學的唐邪森（Thomas Donaldson）建議，以全球觀點來看，多國籍企業的倫理氣候存在著跨社會的超標準（hypernorms）；稍早曾定義的「共享價值」也可能被視爲多國籍企業倫理氣候的重要成分。但更重要的課題是，企業必須決定該如何在多國籍環境下運作的問題。企業經營者是不是希望能跨越單一社會價值觀的界線，強調地主國、母國或其他各地的價值觀？這個觀念讓我們又回到原點：在多國環境中管理組織倫理的問題。

結論

對多國籍企業的資深經理人來說，在多元社會環境中管理組織倫理確實是項艱難的工作，即便是微不足道的芝麻小事，都有可能變成達成企業績效的絆腳石。本章介紹與多國籍企業組織倫理有關的哲學、結構和程序等重要議題，旨在傳達一項基本訊息：企業若能有效管理組織倫理的哲學、結構與程序，才能降低倫理衝突和倫理災難，進而增加企業的競爭優勢。

參考書目

Barnet, Richard J., and Ronald E. Mhuller, 1974. *Global Reach: The Power of the Multinational Corporations*. New York: Simon & Schuster.

Bremner, Bryan, Mark Ivey, and Ronald Grover. 1991. "The corporate elite." *Business Week* (November 25): 174-216.

Gavanagh, Gerald F. 1990. *American Business Values in Transition*, 3rd edition.

Englewood Cliffs, NJ: Prentice-Hall.

Daniels, John D., and Lee H. Radebaugh. 1989. *International Business: Environments and Operations*. 4th ed. Reading, MA: Addision-Wesley.

Davis, Keith, William C. Frederick, and Robert Blomstrom. 1975. *Business and Society: Environment and Responsibility*. New York: McGraw-Hill.

Francis, J. N. P. 1991. "When in Rome? The effects of cultural adaptation on intercultural business negotiations." *Journal of International Business Studies*, 22: 403-28.

Frederick, William C., and James Weber. 1987. "The values of corporate managers and their critics: An empirical decription and normative implications" Pp. 131-52 in William C. Frederick (ed.), *Research in Corporate Social Policy and Performance*. Vol. 7. Greenwich, CT: JAI Press.

Gellerman, William. 1990. *Values and Ethics in Organization and Huamn Systems Development: Responding to Dilemmas in Professional Life*. San Francisco: Jossey-Bass.

Jacques, Elliott. 1951. *The Changing Culture of a Factory*. London: Tavistock Publications.

Jones, Thomas M. 1991. "Ethical decision making by individuals in organizations." *Academy of Management Review* 16:2 (March/April): 366-95.

Kalmbach, William C., III. 1987. "International labeling requirements for the export of hazardous chemicals: A developing nation's perspective." *Law and Policy in International Business* 19:4, 811-49.

Kamata, Satoshi. 1982. *Japan in the Passing Lane: An Insider's Account of Life in a Janpanese Auto Factory*. New York: Pantheon Books.

Langlois, Catherine C., and Bodo B. Schlegelmilch. 1990. "Do corporate codes of ethics reflect national character? Evidence from Europe and the United States." *Journal of International Business Studies* 21:4: 519-39.

"Office woes East and West." 1991. *Fortune* (November 4): 14.

Ohmae, Kenichi. 1989. "Managing in a borderless world." *Harvard Business Review* 67:3 (May-June), 152-61.

Paul, Karen. 1989. "Corporate social monitoring in South Africa: A decade of achievement, an uncertain future." *Journal of Business Ethics* 8:6 (June): 463-70.

Paul, Karen. 1992. "The impact of US sanctions on Japanese business in South Africa: Further developments in the internationalization of social activism." *Business & Society* 31:1, 51-8.

Schein, Edgar H. 1985. *Organizational Culture and Leadership*. San Francisco: Jossey-Bass.

Servan-Schreiber, Jean Jacques. 1969. *The American Challenge*. New York: Avon Books.

Trevino, Linda K., and Stewart A. Youngblood. 1990. "Bad apples in bad barrels – A causal analysis of ethical decision making behavior." *Journal of Applied Psychology* 75:4, 378-85.

"US, global values compared." 1994. *Industry Week* 243:10 (May 16): 26.

Victor, Bart, and John B. Cullen. 1988. "The organizational bases of ethical work climates." *Administrative Science Quarterly* 33:1 (March): 101-25.

Wartick, Steven L. 1995. "Organizational cultures in transnational companies: An empirical analysis of shared managerial values." Paper presented at the Annual Meeting of the Academy of Management, Social Issues in Management Division, Vancouver, British Columbia, Canada.

國際議題管理與公共事務

　　到目前為止，本書試圖掌握企業與社會在國際面向上的重
要構成要素。之前介紹過的機構－意識型態模型、政商關係、
企業的社會績效、利害關係人管理以及倫理分析等，都是從不
同角度檢視相同現象的工具。本章將透過國際議題管理與公共
事務這兩項工具，將先前提及的各種構成要素組合在一起。

界定國際議題管理與公共事務

　　議題管理（issues management）的定義是「企業針對那些可
能對其帶來產生影響的社會與政治議題做出的確認、評估和回
應程序」（Johnson, 1983: 22）。「*程序*」（包含確認、評估和回應
三階段）和「*重大影響*」是這項定義中的關鍵辭彙。

　　*程序*之所以在議題管理中扮演重要角色，主要原因在於議
題管理與其說是處理議題，倒不如說是在處理對於議題的回應
（Dutton and Ottensmeyer, 1987）。確認、評估、回應這三個階段
簡要的描述了回應的發展程序。雖然其他的議題管理模式可以
分為十階段或七階段，但就屬這三階段論最簡潔有力。

　　「*重大影響*」的重要性在於，對組織產生的影響可用來區
辨孰為議題孰非議題。當然，議題不管會不會對特定組織產生

影響，它們總是存在著，但是如果沒有產生影響，議題對組織而言就不存在。例如，除非墮胎權的社會議題對企業產生影響，否則企業就不會把墮胎權視為一個議題。

在這種一般性的議題管理架構下，就可以著手處理各類議題。社會議題、政治議題、策略議題、「公共」議題——這些類屬的唯一差別是：它們在什麼場合以什麼樣的方式影響組織（Dutton and Jackson, 1987）。不同的組織在其議題管理程序中關注的議題不同，因此，程序也許可以稱為「策略議題管理」或「公共議題管理」或「社會議題管理」，不過與組織處理議題的程序相較，議題類型顯然較不重要（Ansoff, 1980）。

至於議題管理該安置在組織結構中的哪個部分，這個問題在過去十年來引發廣泛討論。有些公司指派專人負責處理，有些公司將議題管理列入部門經理的職責範圍，有些公司相信聘用顧問公司是最有效的作法。一般而言，議題管理都擺置在公共事務功能底下。

公共事務被界定為「一種管理職能，負責監督和解釋與商業無關的企業環境，以及處理企業對環境因素的回應。」（Bergner, 1983）公共事務責任的主要類別包括「環境評估、議題確認與管理、政府公關活動、社區行動／參與、企業公共事務訓練與發展、以及企業政策和策略發展」（Bergner, 1983: 3）。過去三十年來，由於企業環境愈趨複雜與蓬勃，公共事務逐漸成為企業重視的職能。就像大多數企業職能一樣，當企業總裁發現他們花費太多時間處理「與商業無關」的外部關係時，公共事務就會被指定擔負起特定職能，公共事務專家因而出現，減輕企業總裁的負擔。公共事務涵括的範疇比議題管理廣泛，雖然兩者

處理的程序類似。不過，公共事務既不是公共關係、政府關係，
也不是慈善事業。公共事務處理的是企業在大環境中運作時遭
遇的問題。

在全球化潮流的推動下，公共事務和議題管理已擁有一個
新的範圍（Nigh and Cochran, 1987）。以廢棄物處理議題爲例，
多國籍企業必須處理多樣的經濟、政治和社會意識型態，因爲
這些意識型態牽扯到與人口控制有關的企業、政府和公共機構
等角色。多國籍企業和各國政府之間的關係、對於各國法律的
遵守、以及參與發展中的國際環境法令等，這些事務都會變得
非常複雜。當多國籍企業面臨究竟是要把有毒廢棄物賣到開發
中國家，或者發展低污染科技與包裝技術的倫理問題時，廢棄
物管理的社會績效與倫理面向具有的重要性將會倍增，重要利
害關係人的數量可能占有相當大的比例。國內企業的廢棄物處
理可以透過與本地政府簽約，或將廢棄物運送到商用廢棄物處
理廠，不過多國籍企業的廢棄物處理措施就沒有那麼簡單。在
這類案例中，公共事務與議題管理有助於多國籍企業經理人瞭
解廢棄物處理可能遭遇的問題和機會，以及如何做出適當的反
應。

複雜且變動的全球環境讓國際議題管理與公共事務的工作
很難完成，以一項針對22個地區所做的政治風險評量爲例，評
量的判準包括專利法、環境管制、稅法、契約、簽證、許可、
地方法令、國營化風險、外匯、地方所有權法規、聯合企業限
制、薪資與價格控制、國民生產總額、通貨膨脹、景氣蕭條、
政府的經濟政策、失業率與對策、利率、貨幣供給、違反人權、
審查制度、沒收財產、政府權力鬥爭、公開的領導權繼承、不

流血或暴力的軍事勝利、內戰、選舉、民意、罷工、怠工、杯葛、抗議、暗殺、暴動、民族或宗教衝擊、扣留、制裁、外交逮捕、間諜活動、邊界爭端、移民、國際收支平衡、天然災害等等族繁不及備載（Rogers, 1983: 103-5）。這個評量方式確實理想，但實際上卻不可能完成。想像多國籍企業要求所有各地總經理密切關注上述各項因素，就能瞭解其困難度。

因此，多國籍企業經理人需要的是監控議題的變遷：當議題出現時，公司內有人知道該如何監督議題變遷，並懂得如何著手處理。如果沒有人知道該如何處理資訊，那麼再多的統計資料和政治風險評估都是枉然。議題管理提供瞭解愚昧想法的程序。

本章後半段將側重議題管理，對公共事務的功能較少著墨。根據全國製造業協會（National Association of Manufacturers 1978: 1）的定義，「議題管理不再是過去傳統的公共事務職能，而是一種先進的策略性公共事務計劃與行動進程」。所以，我們可以將議題管理視為執行企業公共事務的主要策略性工具。

瞭解議題

若要瞭解統計數據的真正涵意，就得注意議題的內容及其產出的源頭。將議題界定為「麻煩、問題或即將面對的抉擇」（Tombari, 1984: 353）是無濟於事的，或者像許多經理人一樣被動：「當我們看到議題時才知道那是個議題。」這種模糊的定義對經理人毫無幫助。議題若要有效的管理，就得回答兩個問題：什麼是議題？什麼不是議題？「期望差距」（expectational gap）

概念是回答這些問題的有用工具。[1]

期望差距

　　期望差距產生於對實然（what is）與應然（what ought to be）的看法不一致時。處理議題的經理人首先應該注意社會對企業表現的期望是否出現差距。對於發生了什麼事和／或應該發生什麼事的期待出現落差時，議題便會產生。例如，許多分析家認為印度波帕爾災難是個議題，其實不是；導致議題出現的事件是聯合碳化公司的工廠安全表現與社會（和全球）對其表現應該為何的期待出現不一致。再舉另一個例子，雀巢公司在開發中國家行銷嬰兒奶粉本身並不是議題，但是當雀巢公司認為應該怎麼做與各利害關係人認為應該怎麼做，這兩種看法之間出現期望差距時，才會出現議題。

　　這些例子說明議題涉及不同主題，且以不同形式出現，但所有議題都是因為期望出現差距。所以，處理議題的經理人不必再為某些議題看似生態問題、有些看似倫理或文化問題、有些看似技術問題而傷神，光看內容本身並無法判別其為議題與否。同樣地，只是看到期望差距的存在，也不代表議題就一定存在，還得思考其他兩個因素：期望差距產生的*爭議*，以及爭議對組織造成的影響或潛在影響。

爭議

　　爭議（或是強度）是議題浮現的必要條件。第六章曾提及

強度在倫理困境中的角色，同樣地，期望差距也必須具有相當程度的爭議（或強度），才能成爲一項議題。當利害關係人團體做出下列主張，爭議就會產生：

- 他們願意且有能力面對期望差距中的相關當事人；或者
- 他們願意且有能力將其關懷推到廣大的公共討論空間。

譬如在某些文化當中，裙帶關係（nepotism）代表的是機會公平、能者勝出的社會理想與優先任用的社會事實之間存在著期望差距。美國的利害關係人一直在法院、企業辦公室和董事會會議室等公共討論空間中，提出他們對裙帶關係和優先任用的關懷。但是裙帶關係在某些文化當中是被接受且被期待，當多國籍企業進駐並拒絕依照優先任用的方式決定人事，期望差距由此產生。

因此裙帶關係在這些地方並不會成爲問題，可能要等到多國籍企業進駐並拒絕因裙帶關係的優先任用，問題才會存在；即使是如此，如果利害關係人團體沒意見，也不會有問題。

影響

影響也是議題存在的必要條件。雖然期望差距會引發爭議，但除非在現在或未來會對組織造成影響，否則這也不算是一項議題。期望差距引發的爭議可能造成政治和社會議題，同樣地，除非對企業產生影響，否則企業的議題管理與公共事務部門無需擔心。例如在部分國家實施的匯率管制方案，除非企業已經

在這些國家運作，或者打算在未來到這些國家經商，否則匯率
管制問題就不會是企業的議題。

議題類型

多國籍企業經理人可以注意三種期望差距類型，這三個類
型會引發爭議，形成議題，並對企業造成影響：

● **事實差距：實然面之間的矛盾。**例如，不管是在巴基斯坦
  或是美國，多國籍企業都得面對自家公司生產的殺蟲劑是
  否會危害人體健康和自然環境的議題。
● **一致性（conformance）差距：實然面與應然面之間的矛盾。**
  再以殺蟲劑為例，假如多國籍企業不顧利害關係人的反對，
  執意在巴基斯坦銷售殺蟲劑，那麼將會面臨一致性差距。
● **理想差距：應然面之間的矛盾。**多國籍企業會碰到這個問
  題：「適用於某個國家的危險性產品處理標準該不該應用到
  全世界？」

本章稍後在討論企業對議題的回應時，會再回到這些類型，
因為企業面臨的議題類型決定了何種反應會是適當且有效的。

因而，事實、一致性與理想的期望差距會為組織帶來各種
議題，這些議題具有爭議性，且對組織產生影響。然而，議題
不是靜態的存在，它們會出現、發展，不管是否得到解決，有
時候會突然消失，有時候會再度出現。簡而言之，組織的議題
存在著生命周期———一種可辨識的發展模式。

議題的生命周期

　　圖8.1列出議題生命周期的一般模式,每個議題生命周期的
基本關係會隨著大眾注意力的改變而轉換。生命周期依個別事
件區隔為三個階段。

　　初期階段。在早期(初期階段),期望差距時隱時顯,逐漸
引發爭議,並潛藏著影響,但是一直要到某些戲劇性的事件發
生或引爆,引起大眾的注意,才會把議題推向發展期(中期)。
例如,國際化學工廠的安全多年來一直是個議題,但是一直要

圖8.1　議題的生命周期

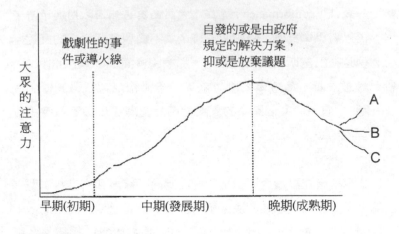

A=由於議題並未妥善解決,或解決方案引發新議題,致使議題再度
　出現。
B=只要解決的機制發揮作用,議題便能被妥善解決。
C=由於社會、政治、技術、經濟或生態出現變遷,使議題消失。
資料來源:摘自Tombari, 1984.

到波帕爾災難事件引起大家的關注，才把議題推向中期的生命
周期階段。當然，推動的力量不必然是災難事件的發生，透過
政府公告、媒體關切、訴訟、杯葛、世界性會議、或組織一個
關注議題的新利害關係人團體，這些都是可行的辦法。

　　發展階段。在中期（或發展階段），議題會經歷一段時間的
公共辯論，而且經常會被重新定義。公共辯論發生在如下場所：
政府聽證會、媒體報導、教育活動、宗教組織、聯誼會、政黨
等等。利害關係人會依其立場選邊站，並建立合作聯盟，辯論
的內容不僅侷限於議題的替代解決方案，還包括議題的基本定
義，以及辯論中援用的相關訊息與觀念。因而，大眾的注意力
被挑起。

　　解決方案。隨著解決方案——不管是自發性抑或政府指定
的解決方案——的出爐，中期階段宣告結束。自發性解決方案
係指某群利害關係人改變其觀點或期望，使期望差距因而消失。
這種情況的發生可能源自於某些主要的關鍵利害關係人出現改
變，或者是所有利害關係人彼此妥協而產生轉變，也有可能是
全數同意放棄這項議題。如果自發性解決方案無法自行出現，
另一個選擇就得透過第三者，也就政府或聯合國組織這類機構
出面仲裁或提出解決方案。

　　成熟階段。解決方案的提出將促使議題邁入生命周期的第
三個階段，也就是成熟階段。此時大眾的注意力開始消退，只
剩下少數關注議題後續發展的利害關係人會繼續監看解決方案
的成效。解決方案的引進可能導致三種結果：

1.　再現：由於解決方案不適當或不穩定，抑或引發新的期望

差距,議題將會再度出現。

2. **均衡**:只要解決方案設計妥當,便可達成某種均衡狀態,使期望差距歸零。

3. **消失**:由於社會、政治、技術或經濟的變遷削除了根本的差距,或使議題不再具有意義,因此議題可能永遠消失,其解決方案也可撤除(亦即,不需要再有人進一步關切)。

概念化議題生命周期的作法有幾項明顯缺點。首先,我們並不知道,也無法預測各階段的發生與結束時間。同樣的,區分各階段的個別事件都是發生後才知道,但是未來並不能總是反映著過去。而每一個「議題範疇」(issue area)(如「女權」或「污染」)都是由許多期望差距構成,致使解決方案更難設計與執行(Mahon and Waddock, 1992)。大眾注意力(不是民意)的程度並非真能經得起定量檢驗。

儘管如此,議題生命周期作為一種概念工具,仍能增進多國籍企業經理人對於環境變遷與議題之間關係的理解。這項具有啓發性的設計有助於追溯議題的發展歷程。某些公共事務經理人甚至使用議題生命周期工具,定期向資深管理階層或董事會報告,協助其瞭解議題如何影響公司的發展。

例證:追溯議題的發展

我們以美墨邊境非法買賣處方藥為例,說明議題的生命周期。這個例子可以充分說明,被媒體和其他利害關係人視為單一議題的背後,其實隱藏著多種期望差距。我們可以從個別藥

物使用者的角度檢視該例，或者從政府管制的角度切入，不過我們把焦點擺在企業。

　　該議題範疇中出現的基本期望差距立基於「實然面之間」的差異：美國的製藥成本大約是墨西哥的4-8倍。以治療潰瘍的藥品善胃得（Zantac）爲例，美國的生產成本爲102美金，但是在墨西哥生產的成本不到23美金（參考Solis, 1993）。然而，這實際上存在的差距不是議題，因爲它並不具爭議性，大家都同意這種價格上的差距。

　　另一個「實然面之間」的期望差距與藥品價格的制定因素有關，而這種差距才是議題存在的基礎。藥廠認爲，藥品必須在某些負擔得起的地區以較高的價格販售，以打平高昂的研發與認證成本，而在實行嚴格價格控制的國家則以較低價格販售，畢竟藥廠不能因爲藥品價格控制政策而不供給民眾有益的藥品，雖然售價偏低，但仍得反映成本。對某些公司來說，與價格有關的這套「實然」作法是穩健且不容爭辯的企業策略。但是某些利害關係人將此種價格差異視爲不道德的敲詐行爲，認爲價格根本與成本無關，這只是藥廠的推託之詞。這種「實然面之間」的差距直接關係到製藥成本與價格之間的不一致。

　　立基於「實然與應然」差距的議題範疇中也存在著一致性差距：某些利害關係人認爲藥價高昂是企業貪婪的表現，主張藥價應予降低。由於這些利害關係人有能力將議題推向公共政策領域，使這項期望差距產生爭議，因而企業不得小覷其潛在影響力，藥品議題經理人應該關切這類議題範疇。

　　會讓議題複雜化的因素是，墨西哥實施藥品價格控制，而美國沒有，這會導致「應然面之間」的理想差距。墨西哥在第

二次大戰之後便開始施行藥價控制，「應然面」的差距關係到這些控制應否廢除的問題。有人認爲應該廢除，有人則反對。這種理想差距也頗具爭議，對藥廠的影響也不容忽視。

對議題的瞭解愈深入，就會發現愈多的期望差距。上述例證足以說明「檢視差距」（gap check）在釐清「議題」的真實樣貌時具有的價值。在完善分析各種差距之後，注意力便可轉移到這種議題範疇中的議題和差距如何發展其生命周期。

早期／初期階段。 上述所有議題在此時都處於生命周期的早期階段（Bigelow, Fahey, and Mahon, 1993）。此時的媒體報導和利害關係人行動都還不足以將議題推向發展階段。不過，該階段的重要議題管理問題是：「推展議題的誘因爲何」？可能的誘因羅列於下：

● 當媒體或利害關係人對藥品訂價、價格控制和通關等議題投入更多的關注，就會發展出「足夠的證據」，讓國會得以召開聽證會，或進一步改變公共政策。

● 北美自由貿易協定的施行可能會助長大眾對製藥成品、價格、市場和控制問題的注意力。

● 大規模從墨西哥非法輸入藥物，結果可能造成藥廠歇業，或停止生產某特定藥品。

● 可能會有研究發現這些運往墨西哥的藥物是劣質品，並且還有美國相同藥品所沒有的副作用。

● 某家德國藥廠也許會挾其優勢的訂價策略進軍墨西哥市場，最後趕走了美國企業，但相對的，這家德國藥廠必須更仰賴美國市場以填補研究成本的資金缺口。

議題管理人會試想多種這類可能性，並試圖預測這些可能性對企業的影響。例如，北美自由貿易協定進行協商的可能性相當高，而且肯定會對藥廠造成影響，因此議題管理人在分析議題的發展時，必須將這項可能的導火線列入考量的清單內。

中期／發展階段。假設導火線出現，議題範疇進入發展階段，此時討論與爭辯的焦點會擺在「問題究竟爲何」以及有何解決方案。例如，有些人會將重點放在墨西哥的價格控制，並主張這些控制應予廢除：有些人則關注企業的研發與藥品的認證成本，認爲應接受現況或略做調整。另外還有些人會鎖定昂貴的美國藥價，批評藥廠管理，並要求透明化（最後可能會要求管制）。甚至還有人把焦點放在藥品的取得管道，認爲這一切都沒問題，因爲不想承受高額藥價者會跑到墨西哥買藥，想在美國買藥的人則需支付較高的價格。而上述各種針對現狀的解釋都附帶著解決方案。

除了澄清、再定義並發展解決方法之外，這個階段還包含爲數龐大的合縱連橫。利害關係人會彼此協商各自的立場，於是議題範疇中出現不同陣線的利害關係人。譬如，消費者究竟站在議題的那一邊？這個問題取決於議題如何形成，以及消費者如何察覺其自身的利益。

在議題生命周期的中期，爭論、再定義、解決方案的浮現和陣線的形成引出議題生命周期的第二條導火線，也就是議題的實際解決方案，將議題範疇推向後期或成熟階段。這條導火線可能是由不同定義導引出的解決方式之一，可能是妥協方案，也可能是因爲第三方介入爭論而產生的突發事件，或者是世界局勢的變化對議題的界定、發展和可能解決方案產生影響。

　　晚期／成熟階段。隨著解決方案的出現，大眾先前對於議題的注意力會逐漸消散，（議題經理人在某些情境下可依這項結果擬定回應策略）。主要的問題在於，哪些利害關係人會持續監督解決方案的成效？藥廠本身和製藥同業公會會是這類利害關係人之一；有時候也會出現一種新的「看門狗」（watchdog）聯盟，代表某些利害關係人（如消費者）對特定解決方案進行監督；有時候既有的利害關係人團體也會接掌監督工作，如拉夫‧納德（Ralph Nader）的消費者團體；政府機關也是監督解決方案的可能單位。一旦解決方案成形，監督者不再是大般大眾，而是由特定人士接管。

　　議題會不會再次出現？這就得看解決方案是否解決既存的基本差距。假如可以解決，議題不會重現；如果不行，議題肯定會再現，相關的利害關係人將會再次喚起大眾關注該議題。

　　解決方案的執行會不會導致第二個議題出現？譬如，假如解決方案意在消除墨西哥的價格控制，墨西哥的藥價立刻暴漲，美國人也不再需要到墨西哥購買價格相當的藥品。而墨西哥人因為無力負擔高昂的藥價，致使醫療品質下滑。所以，議題可能以國家衛生保健的形式重現，新的利害關係人（如世界衛生組織）和議題的新界定也會因而產生。

　　議題會不會因為基本局勢發生變化使其失去存在的基礎？例如，發明一種可以徹底根治潰瘍或高膽固醇的無副作用藥方，當這項新藥上市，市面上治療潰瘍和降低膽固醇的藥物將無人問津。因而，這些藥品的價格將不再成為一項議題，因為藥物本身已不再為人使用。

　　結束。反應著各種期望差距（事實、一致性或理想的期望

差距）的議題既具爭議性，也會對公司產生影響。雖然期望差距、爭議的程度以及影響的類型會隨著議題生命周期的變化而改變，但就其根本而言，在掌握期望差距、爭議、影響和生命周期的發展等關鍵因素之後，才能瞭解議題的內容，以及企業如何使用議題管理針對各項議題做出反應。

議題管理的技術

坊間有一本流行的指南（J. F. Coates, 1986）列出下述幾種議題管理技術：網絡、先驅事件研究、媒體分析（專欄／小方塊）、民調／調查、執行陪審團、專門委員會、審查與監督、內容分析、追溯法源、專家討論、決策支援系統、電腦輔助技術、小團體程序、情境建置、趨勢外推法、技術預測、決策分析、因素分析、靈敏度分析、引線事件辨識、關鍵人物分析、相關和迴歸分析等等。這類清單在處理議題管理時隨處可見，但是它們並未說出我們真正想知道的事情，沒有提供最有效的技術，也沒有告知議題管理者到底是不是得援用所有技術才能妥善處理議題。於是，我們不難理解為什麼管理者有時認為議題管理既沈重又荒謬。

議題管理的程序不需要那麼複雜，選擇議題管理技術的關鍵問題是：您想要達成什麼目標？此處我們將討論三種不同目標導向的技術：

● 確認議題和檢視環境以發現期望差距；
● 分析議題以評估爭議與影響；以及

● 對發展做出回應，以解決期望差距。

確認議題和檢視環境

　　確認議題和檢視環境的目的是要判斷（以及某種程度的預測）期望差距的出現（Ansoff, 1975）。當企業績效和政策出現改變，當社會期待或信念改變，或者當上述兩者同時出現改變，期望差距就會出現。使用確認議題的相關技術，可以監看企業行為或社會認知與期望是否出現改變。

　　專欄8.1列出議題管理者可能用來確認目前與潛在期望差距的來源。在期望差距的確認工作上，議題管理者愈是仰賴使用這些具有想像力的來源，愈難向組織決策者呈報可靠的論點。可是當議題一旦出現在媒體上，差距就會清楚地浮現，想要再「防患未然」已難上加難。因此，議題管理者會追溯議題出現的早期階段，探究到底發生了什麼事，他會對這項訊息密而不宣，直到企業可以對此做出適當反應。換言之，這些具有想像力的工具或許可以揭示差距的出現，但是對於爭議和影響的釐清卻幫助不大。這張清單愈往下的項目愈能清楚地揭露差距，也愈有助於釐清爭議引爆的程度，以及企業可能受到的影響有哪些。所以，議題管理不能只是看看科幻小說就能了事。

　　舉個例子。假設某位多國籍企業的議題管理者看了具有想像力的西班牙文學之後，知道阿根廷可能分裂成數個小國。由於這家多國籍企業在阿根廷有大量投資，因此對於阿根廷的現狀和未來可能狀態的認知產生差距。關於分裂可能性的討論可能頗為刺激有趣，但這些討論並無法讓人從中窺知阿根廷實際

專欄8.1 找出發生了什麼事

具有想像力的觀念	藝術、詩歌、戲劇、科幻小說
應用觀念	地下的／激進的／小道媒體、未公開的言論與記錄、工作報告、專論、海報
發展細節	科學期刊、專業期刊和技術期刊；特殊的小眾專刊；統計文件、社會指標
觀念普及	具有聲望的雜誌（科學雜誌）、內部公告（如產品安全或環境公告），通俗的知識性雜誌（Harper's, New Republic）
機構回應	聯絡網路（公告、業務通訊)、與利害關係人有關的雜誌（消費報導）
傳播媒體的關注	一般雜誌（時代、新聞週刊、經濟學人），摘要（讀者文摘、executive summaries）
觀念被政治化	民意資料、態度和行為研究，聯合國機構與政府聽證會以及報導
大眾消費	虛構與非虛構書籍，國內和國際性報紙（金融時報、紐約時報、基督教科學箴言報）、廣播和電視報導
觀念變成常規	教科書、年鑑、學校教材、大學課程
歷史分析	傳統的博士論文、歷史學術作品

資料來源：Molitor, 1978

上是否真的會分裂，也無法顯示分裂之後會對企業造成什麼影響。因此，決策者不可能將阿根廷的分裂視為一個可能的組織議題。

　　透過類似專欄8.1的清單可以發現潛在議題，這種方式可用來確認利害關係人的期望是否改變。除此之外，議題管理者必須留意企業績效的改變，以及特定的企業狀況、產業狀況或一般的商業環境引發的改變，這些改變會導致期望差距的出現。企業的社會報告程序可以用來做為內部監控，評估企業績效的改變，以及這些改變與利害關係人期望之間的關係。（第九章會更詳細介紹這項工具）。

　　其他還有許多好的來源提供處理特定議題的確認技術（譬如Fahey and Narayanan, 1986; Molitor, 1978），而學界也針對多國籍企業處理議題確認和檢視環境做過多項研究。下述兩個研究幫助我們瞭解多國籍企業如何使用不同技術確認議題。

　　Preble, Rau和Reichel（1988: 5）調查美國百大多國籍企業，研究這些公司在1980年代末期的環境檢視實務，他們發現各企業的做法包羅萬象，簡述如表8.1所示。這些企業的環境檢視者會從多種管道取得訊息，包括公司內部的經營者、出版物、銀行業者、政府官員、律師、會計師、顧客、配銷商甚至是競爭對手。這些發現鼓舞研究人員，由於早期的研究發現多國籍企業很少使用環境檢視策略，所以這項發現足以說明企業對外部環境的檢視已出現長足進步。不過新的研究數據也發現，複雜的檢視相對較少，多數企業還是仰賴媒體和地主國經理人提供的資訊，而且多數企業對於取得的數據也沒有進行系統性的分析。研究人員（1988: 13）下了一個結論：「對於那些尚不具備環境檢視能力的多國籍企業來說，設立或升級系統性的和複雜的環境檢視程序，可以幫助該公司取得與快速變遷的國際環境並駕齊驅的機會。」

表8.1　美國多國籍企業環境檢視實務簡表

環境檢視實務	企業應用的比例 %
檢視系統的總體特質	
環境檢視包括規畫和使用電腦資料庫，以及整合企業運作所在國家相關的全球資訊	5
企業至少會聘雇一位專人監視與企業運作所在國家的發展	48
聘用顧問和／或外部服務機構監看企業運作所在國家的情勢與政治風險	15
除了即將進入某國經商或遇上危機之外，企業很少或根本不會蒐尋環境訊息	27
利用電腦進行環境檢視	
很少或沒有	51
部分使用，主要是全球／區域總部	28
中央電腦系統與各分公司連線	12
高度整合與複雜的電腦使用	5
給予各環境部門「高度重要性」的比例	
經濟	49
競爭力	39
法律	24
政治	24
技術	13
文化	6

資料來源：摘自Preble, Rau, and Reichel, 1988

　　儘管不是研究人員注意的重點，這項研究中另一項值得一提的發現是文化／社會的檢視被嚴重輕忽，就連法律／政治環境也很少人注重。但是全球事件卻已一再顯示這些環境會對企業造成嚴重影響，同時這些環境也是經濟變動的因素之一；所謂經濟變動就如通貨利率膨脹、匯率改變及收支平衡（McCann and Gomex-Mejia, 1986）。近期有一項針對經理人政治警覺性所做的研究指出，許多國籍際企業「不切實際地假設社會實體的恒定性，因而無法在日常運作中做出反應」（Richardson, 1995）。一項針對國際飯店連鎖店的環境檢視實務所做的研究則發現，環境檢視經常鎖定在最明顯可見的議題上，像是與生態有關的議題，但是企業所處的社會和政治環境相關訊息卻很貧乏（Olsen, Murthy, and Teare, 1994）。

　　另一項研究是比較南韓六大企業和美國多國籍企業的國際環境檢視實務，作者使用訪談和問卷取得下列與環境檢視類別有關的訊息（Ghoshal, 1988: 72）。

● 　資訊取得類型：「競爭力、行銷、技術、管制、與資源相關的、廣泛的議題等等。」
● 　來源：(1)內部：「在相同部門的人員，同一家公司其他部門（包含海外）的人員，組織內會議、內部報告、電腦資料庫等等」。(2)外部：「客戶、供應商、銀行業者、廣告代理商、代理商與物流業者、顧問、一般性刊物、貿易刊易、交易展示等等」。
● 　檢視模式：「觀察、監看、調查和研究」。

　　韓國企業爲了蒐集資訊，因此很重視競爭力與市場數據。
在稍早的美國多國籍企業研究中也發現有此類似情形，不過在
美國特定的產業研究，顯示企業對不同議題的關切有很大的變
化。在資訊來源方面，六家韓國企業非常仰賴共同的來源團體，
美國企業的來源則變化多端。最後，六家韓國企業「同樣使用
這四種檢視模式」（p.77），美國的農具製造商和精肉業者也出現
類似的情況，但是金融服務公司和多國籍企業的環境檢視來源
相對較多。作者認爲，與美國企業不同的是，韓國企業的環境
檢視策略同質性太高，無法對變遷做出即時反應，使其難以在
全球市場中維持高度競爭力。

　　爲什麼韓國企業會出現這類一致性？研究人員點出韓國社
會非常重視傳統，而他也在這麼同質的環境檢視實務中追索出
一個非常特定的來源。

　　韓國企業的環境檢視要素同質性之所以那麼高，主因在於
　　企業情報和研究機構（Business Intelli-gence and Research
　　Institute, BIRI）這家小型顧問公司及其業主 Eun Key Yoon
　　先生扮演的角色。韓國軍方情治官員出身的 Yoon 先生在
　　1970 年代初期跨入企業領域，成爲三星集團旗下公司的經
　　理人。他設立了一個檢視要素，堪稱爲集團內部的旗艦要
　　素，隨後集團旗下其他公司也紛起效由。這個模式基本上
　　是韓國軍方情治單位的縮影版本。
　　　　1981 年，Yoon 先生辭去三星集團的工作，自創 BIRI。
　　BIRI 的主要業務內容是訓練委託企業中的經理人如何檢視
　　外在情報，以及企業內部應如何組織檢視的功能。Yoon
　　先生有一份檢視要素建構的藍圖，當然這份始於韓國軍方

　　的藍圖也是他在三星集團成功的利器，不到三年的時間，
韓國前 30 大企業中幾乎人手一本（Ghoshal, 1988: 81-2.）。

　　議題確認與環境檢視至今仍然繼續發展。全球企業環境日
新月異，但是議題確認的程序仍然是有效的議題分析與發展回
應的重要基礎。

議題分析

　　議題分析的目的在於有能力評估爭議和影響的程度，以便
有效率且有效的配置資源。議題確認程序會把議題等同於爭議
和影響，此時的問題就變成組織應該如何使用其有限資源回應
那些議題。我們所需考慮的因素是爭議的深度和廣度，以及影
響的顯著性與急迫性。

　　爭議的深度與廣度。在被視為與企業有關的議題中，何者
最具爭議性？何者最不具爭議性？下列七項因素是判斷的準則
（Eyestone, 1978）。

● 支援：是否存在著重要利害關係人群體？
● 情報：與議題有關的資訊可以取得的程度與類型為何？是
　　否有一套邏輯可以解釋議題的重要性？
● 傳播：故事是否值得媒體報導？利害關係人是否有管道可
　　以接觸相關媒體？
● 結果：利害關係人可否知道努力之後成功的可能性？
● 目標：強而有力的象徵是否出現問題，像是原因或禍首？

● 誘因：什麼樣的事件會把議題從某階段推向另一階段？

● 領導權：誰在戮力以赴？誰做出犧牲？誰在推動議題的發展？誰資助利害關係人？誰又是贏家？

議題管理者在評估議題的爭議程度時，必須分析與議題有關的利害關係人在這七項因素上的表現與程度。設若七項因素俱現，引發爭議的可能性將會大增。倘使其中某項或多項因素不存在，那麼爭議可能變得較小，較受控制且較為良性。

以日本的貿易障礙議題為例。某些美國企業領袖一直試圖提高該議題的爭議層次：

● 嘗試引進更多的利害關係人，比如受到影響的產業和工會；

● 加強取得與日本貿易政策有關的情報和解釋邏輯；

● 透過立法創制權和特殊的利益故事持續吸引媒體的關注和報導；

● 選擇從事較可能成功的活動；

● 將MITI標定為有礙自由貿易的「壞蛋」；

● 使用貿易赤字報告和不滿貨品傾銷等合法的誘因；

● 串連、帶領對議題感興趣卻無意或無法執行領導能力的利害關係人。

在上述例證中，七項因素同時出現──支持、情報、傳播、結果、目標、誘因和領導權，顯示爭議程度相當高。

另一方面，美日之間的爭議只是故事的一部分。如果中國和韓國反對日本開放美國商品輸入，情況又會如何？當更多的

利害關係人牽扯在內，更多的「壞蛋」現身，出現更多套的行事邏輯，媒體的關注更甚，此時的爭議將更形複雜，增添新的深度和廣度。這個時候，多國籍企業的議題管理者就得考量重要利害關係人在目前和未來的涉入情況。

影響的顯著性。簡單的說，影響的顯著性意指影響究竟對組織而言有多重要。美國牛肉出口商認為日本貿易障礙是個重要議題，但即使貿易障礙全數解除，對其影響也不會太大，因為日本人不大吃牛肉，而且所需牛肉多從澳洲進口。可是就美國汽車公司來說，日本的貿易障礙解除確實會產生重大影響，不僅因為更多的日本人可能購買美國車，而且美國車廠有機會競標日本龐大的大眾運輸合約。

不過，我們得注意一項重要的差別：議題顯著性的判定不僅取決於議題管理指出的那幾個重要面向，還取決於那些能為資深經理人增添的價值。例如，如果議題管理者只是說，「日本的貿易障礙對敝公司財務傷害甚鉅」，不會有人對議題管理的價值感受深刻；但如果議題管理者說，「由於日本的貿易障礙損害我們的對歐貿易，妨礙本公司在南美洲的擴張計畫，並對本國的勞工協商產生不利影響，因此日本的貿易障礙對我們而言是一項重要議題」，這種說法當會吸引眾人豎耳聆聽。

影響的急迫性。影響在某個時段發生的可能性決定了企業回應議題的急迫性。即便議題對企業產生巨大影響，影響的發生時間會改變企業界定議題的優先順序。例如，假如日本完全解除貿易障礙，此舉將大幅影響許多多國籍企業。然而，雖然日本逐漸改變其貿易障礙，但由於步調太慢，使這項改變為大多數企業帶來的重要影響無法立即顯現。因此，對某些企業來

說，這項議題的重要位階還比不上與北美自由貿易協定有關的
議題，雖然後者的影響較小，但急迫性卻較高。

　　議題分析技術。我們可以使用各種技術進行議題分析，但
本章僅介紹常見的數種技術。交叉影響（cross-impact）分析是
分析技術中的翹楚，它可用來考察與重大議題有關的各種資源
配置的內部交易。關鍵競技者（key player）分析可以幫助議題
管理者透過揭露相關利害關係人及其利益與權力基礎，來確認
和評估議題的爭議程度。以議題可能的演變狀況為軸所發展形
成的替代腳本，也有助於確認議題的影響，並評估其重要性和
急迫性。而應用遊戲理論（game-theory）則可看出各種議題替
代方案互換的結果。無論選擇哪種技術，議題分析應該要畫分
議題的等級，以便為議題管理的最後一部分舖路——發展有效
的回應（有關國際議題管理的細節可參考Lusterman, 1985; Blake,
1977; De George, 1993; Business International, 1991）。

發展回應

　　發展回應的目地是消彌期望差距，而企業對議題作出回應
首先必須與議題呈顯的差距類型一致。為了說明回應與差距符
應的必要性，我們得回到先前提及的美墨邊境藥品價差的例子。
該例證指出三種期望差距：

● 　實然面與實然面之間的事實差距：關於藥品的成本不符應
　　價格因素的差距——必要成本的回復vs.貪婪與敲詐。
● 　實然面與應然面之間的一致性差距：發生在某些利害關係

人堅信藥價應予降低的情況下。

● 應然面與應然面之間的理想差距：這關係到墨西哥實施的
藥價控制應否廢除。

（實然面之間的）**事實差距**要求的回應，就像客觀研究對
於事實的闡明，而非與利害關係人團體爭辯什麼應該是公司的
運作模式或政策。如同稍早提及，藥廠提供帳冊供利害關係人
檢閱，這是可行的回應之一，但是資深管理階層恐將此舉視為
不合理的動作。因此，一種替代方式是聘用可信的外部稽查員
來查核公司成本，也可資助藥品發展成本的整體產業調查，抑
或要求國際組織和政府（不只是本國政府）執行這項研究。重
點在於，回應必須處理其所面對的差距類型。

相反的，（應然面之間的）**理想差距**要求針對攸關利害的價
值和理想進行辯論與討論。以事實為基礎的研究無法改變任何
利害關係人的想法，因為事實對他們而言並非議題。舉例來說，
針對墨西哥應否廢除藥價控制此一議題，研究製藥成本並不能
消彌在該議題上的差距。研究的結果或許可以用來推測廢除控
制可能會發生什麼事，但是消彌差距仍取決於構成結果條件的
理想為何。對這樣的差距而言，鼓勵公眾辯論是正確的回應方
式。某些公司的回應可能是透過宣傳廣告的製作，在政府和國
際聽證會舉辦之前先進行人體測試，在電視上說明藥廠和消費
者因為價格控制所受的傷害，贊助相關會議並聘雇智囊團思考
企業的可行方案，利用同業公會為辯論加溫，最後再將上述「思
考結果」刊登在流行和知識性的新聞雜誌上。所有這些回應都
是藉由提出與墨西哥價格控制議題有利害關係的價值或理想的

的辯論，來消彌理想差距。

　　如果差距是屬於實然面與應然面之間的一致性差距，則適當的回應將取決於調整一方、雙方或所有衝突者立場的可能性；然而這種回應極為困難。雖然在某些個案中它也許會成功，但是很少有一致性的議題會由於一方陣營單方面的改變而得到解決，因為除非有其他人被迫必須放棄自身利益，否則是沒有一個陣營願意放棄自身利益的。舉例而言，想像我們的藥廠對藥價抱怨的回應：「噢，價格太高！好吧，為了要消彌這個期望差距，我們就把藥價降個5倍吧！」

　　協商式的回應可能比較有效。這些差距最好還是透過某些技術來加以消彌，比如立法和管制公共政策的程序、仲裁、調停、合作解決社會問題（Gray, 1988, Gray and Wood, 1991）、以及解決衝擊的程序——亦即利害關係人管理。在藥價的案例中，差距的出現源於部分利害關係人認為藥價太高（實然面）而應該降價（應然面）。該公司也許會想確認，關於製藥方面，墨西哥價格控制以及跨邊界價差的議題，已在北美自由貿易協定的執行協商處理中，並且將定期地與協商者在這個議題上進行諮商。

　　發展回應沒有標準模式可供依循，端視遭遇議題類型的不同、爭議程度、影響的重要和急迫性以及企業資源而定。一項實際的回應是有目標且可執行的，並能和組織的資源能力和策略相互搭配。如果企業無法發展回應，這項議題可能就得交給產業或貿易協會處理，甚至是由政府出面回應。特別是在國際領域中，對某些問題最合宜的回應是由政府或區域性經濟社群或聯合國相關機構出面處理（Austrom and Lad, 1989）。

　　在議題管理的各個階段中，發展回應讓經理人有機會打破成規，用創新的思考破除某種資深經理階層的「團體思維」，發展出適當的回應方式，此舉將會對組織決策產生深遠影響。他們可以挑戰組織文化中的某些預設，並為開創性的變革鋪路（Mitroff, 1987）。

結論：策略性議題管理系統的重要性

　　在本章當中，我們透過議題管理和對議題做出適當反應的程序，將前幾章提到的數個概念和工具整合在一起。在企業營運所在國家，發展回應是機構意識型態的功能之一。政商關係是影響議題是否出現的核心要素，它也會影響企業及其做出的最適回應。同樣地，如表8.2所示，企業社會績效、利害關係人管理及倫理分析等概念，對於議題管理和企業績效的瞭解幫助頗大。

　　如同邁爾斯（Robert Miles）在1987年提出企業社會績效模型的說明（見圖8.2），議題管理最重要的貢獻在於它強化了策略性決策。邁爾斯將企業組織的策略分成兩類——企業策略和對外事務策略。這兩種策略都會受到企業史和企業特質的影響，且會影響組織績效。企業策略使企業置身於環境的威脅與機會中，而議題管理同時存在於對外事務策略和規劃當中。組織如果只使用企業策略而未採納對外事務策略，可能仍能有效的達成經濟績效，但卻容易遭受社會正當性的挑戰。議題管理的貢獻在於擴大企業的經營架構，將社會和政治環境中的威脅和機會納入管理範圍，此舉幫助企業達成較佳的社會績效，取得穩

表8.2 企業與社會的概念及議題管理

	確認議題	分析議題	發展回應
機構－意識型態模型	議題出現和定義的參考架構	建構替代性的排序系統	建構合理反應
政商關係	議題來源 資料來源 利害關係人	影響議題排序	提供回應的替代方案
企業的社會績效	瞭解利害關係人的期望	建構內部交換	提供選擇回應的標準
利害關係人管理	與利害關係人的互動形式	確認關鍵人物	提供協商性回應之管道
倫理分析	衝突和差距的潛在來源	衡量競爭價值和理想	衡量回應的道德正當性

定的社會支持,最後提升其經濟績效。簡而言之,企業策略僅僅鎖定「既定」環境中的經濟績效;而企業策略加上對外事務策略,則能幫助企業瞭解在動態的國際經營環境中經濟績效與社會績效具有的相互關連性。

議題管理不是危機管理。因為危機管理只是單純針對某個事件的反應,以戰術(tactics)應用為目標。議題管理以計畫和戰略(strategy)為目標,訴求有計畫的回應而不是單純的反應。在許多情況下,危機之所以發生,可能因為企業裡沒有人注意到議題已經現身,也可能是企業該注意應注意而未注意所產生的後果。在第一種狀況中,好的議題管理可以在問題變成危機

圖8.2 邁爾斯的企業社會績效模型

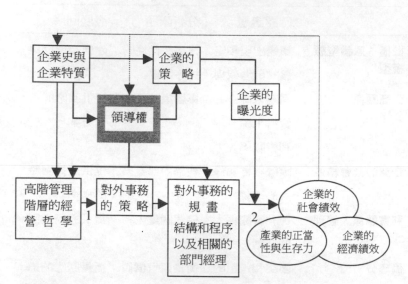

說明

1=哲學－策略連結
2=曝光度－策劃的偶發性
－直接影響
---間接影響

資料來源：Robert H. Miles, Managing the Corporate Social Environment: A Grounded Theory. © 1987, p.274. Reprinted by permission of Prentice Hall, Upper Saddle River, New Jersey.

之前及時發現。在第二種狀況中，好的議題管理會建議企業制定危機管理計畫，監看可能發生問題的事件；同樣在第二種狀況中，議題管理也能追縱危機的發展狀態，試圖消彌期望差距以便解除危機。波帕爾事件是一項危機，而國際化工廠的安全是一項議題。簡言之，企業可能會有好的或壞的危機管理，以及好的或壞的議題管理，這兩者的意義並不一樣。

　　最後，議題管理可能出現某些獨特的組織問題，影響其成功的達成（Wartick and Rude, 1986）；問題之一是「完美的後見之明）（20/20 hindsight）。經理人喜歡別人讚揚其成功，不論他們是不是值得被這般對待。同樣的，他們的失敗也會受到譴責，即使他們沒有預防失敗的發生。組織文化顯然影響了議題管理的成敗。在不重視承擔風險的企業文化中，會瀰漫著「別搞砸了」的心態，議題管理者會試著確定他們確實有後見之明，在這種企業裡，議題管理的價值盪然無存。而在重視承擔風險的文化中，議題管理者在議題管理程序中總是一馬當先，與決策者溝通其發現與邏輯，希望以「先見之明」取代「後見之明」。資源也是個重要的問題。願意在議題管理上挹注資源的企業將能取得各種資訊，幫助議題管理者確認其結論。不願意做此項投資的公司將只能仰賴有限的資訊。例如，美國國務院的報告指出，隨著獨裁者西奧塞古（Ceausescu）夫婦在1989年12月24日被處死，東歐完全開放，羅馬尼亞成為美國企業可以投資的環境。如果議題管理可以將此資訊提供給組織，這些資源便能讓企業經營進行得更順利。

　　資源有限的另外一個例子是：公司對某位員工說：「唉，議題管理這東西真的是太簡單了，不如你來當我們的議題管理者。給你半個秘書的差事，5,000美元的預算。從現在開始，只要議題一產生，我們就會把它交給你搞定。」於是，這位議題管理者處於孤立無援的狀態，負責處理大家都不想碰的業務，同時還飽受責難。如同我們先前的界定，議題管理是在期望差距的基礎上，針對具有爭議性和影響性的議題，尋求確認、評估和發展回應，不是把其他人不想處理的問題丟給一個人負責。

　　最後,「回應的執行與評量」作爲議題管理程序的一個環節,也有可能出現問題,因爲有些人喜歡把回應的執行和評量納入議題管理與公共事務的範疇(Buchholx, 1989; Chase, 1984)。議題管理者也許可以發展回應,但是他的身份並未擁有執行的權利(除非該公司的議題管理專指公共關係)。爲了避免這種情形發生,有些企業將議題管理視爲經理階層份內職責,於是所有經理階層都得負責確認和分析議題、發展回應,並執行及評量回應。對多國籍企業而言,議題管理的首要之務是訓練派駐任何地區的經理人都是議題經理人。

附註:本章泰半的討論是以Watrick和Mahon(1994)的文獻回顧與綜合分析作基礎。

參考書目

Ansoff, Igor. 1975. "Managing strategic surprise by response to weak signals." *California Mnangement Review* 18 (2): 21-33.

Ansoff, Igor. 1980. "Strategic issue management." *Strategic Management Journal* 1, 131-48.

Austrom, Douglas R. and Lawrence J. Lad. 1989. "Issues management alliances: New responses, new values, and new logics." In James E. Post (ed.), *Research in Corporate Social Performance and Policy*. Greenwich, CN: JAI Press, Volume 11, 233-56.

Bergner, Douglas. 1983. "International public affairs: A preliminary report by a PAC task force." *Perspectives* (April), Washington, DC: Publoic Affairs

Council.

Bigelow, Barbara, Liam Fahey, and John F. Mahon. 1993. "A typology of issue evolution." *Business & Society* 32 (1), 18-29.

Blake, David H. 1977. *Managing and External Relations of Multinational Corporations*. New York: Fund for Multinational Management Education.

Buchholz, Rogene A., W. D. Evans, and R. A. Wagley. 1989. *Management Response to Public Issues*, 2nd ed. Englewood Cliffs, NJ: Prentice-Hall.

Business International Corporation, 1991. *Global Strategic Planning: How 17 of the World's Best Companies Are Building Market Share and Achieving Corporate Objectives*. New York: Business International Corporation.

Chase, W. Howard. 1984. *Issues Management: Origins of the Future*. Stamford, CT: Issue Action Publications.

Coates, J. F. 1986. *Issues Management*. Mt. Airy: Lomond Publishing.

De George, Richard T. 1993. *Competing with Integrity in International Business*. New York: Oxford University Press.

Dutton, Jane E. and S. E. Jackson 1987. "Categorizing strategic issues: Links to organizational action." *Academy of Management Review* 12, 76-90.

Dutton, Jane E. and Edward Ottensmeyer. 1987. "Strategic issues management systems: Forms, functions, and contexts." *Academy of Management Review* 12, 355-65.

Eyestone, R. 1987. *From Social Issue to Public Policy*. New York: John Wiley & Sons.

Fahey, Liam, and V. K. Narayanan. 1986. *Macroenvironmental Analysis for Strategic Management*. Minneapolis, MN: West Publishing Co.

Ghoshal, Sumantra. 1988. "Environmental scanning in Korean firms: Organizational isomorphism in action." *Journal of International Business Studies* 19: 1(Spring): 69-86.

Gray, Barbara. 1988. *Collaboraing: Finding Common Ground for Multiparty Problems*. San Francisco: Jossey-Bass.

Gray, Barbara, and Donna J. Wood. 1991. "Toward a comprehensive theory of collaboration." *Journal of Applied Behaviral Science* 27:2 (Dec.): 139-62.

Johnson, J. 1983. "Issues management – What are the issues?" *Business Quarterly* 48:3, 22-31.

Lusterman, Seymour. 1985. *Managing International Public Affairs*. New York: Conference Board.

Mahon, John F. and Sandra A. Waddock 1992. "Strategic issues management: An integration of issue life cycle perspectives." *Business & Society* 31, 19-32.

McCann, Joseph E. and Luis Gomez-Mejia. 1986. "Assessing an international 'issues climate': Policy and methodology implications." *Academy of Management Best Papers Proceedings 1986*, Academy of Management, 316-20.

Miles, Robert H. 1987. *Managing the Corporate Social Environment: A Grounded Theory*. Upper Saddle River: Prentive-Hall Inc.

Mitroff, Ian I. 1987. *Business Not as Usual: Rethinking Our individual, Corporate, and Industrial Strategies for Global Competition*. San Francisco: Jossey-Bass.

Molitor, Graham T. 1978. "Environmental scanning at GE." In G. Steiner (ed.), *Buseinss Environment/Public Policy Papers*. AACSB.

National Association of Manufacturers. 1978. *Public Affairs Manual*. Washington, DC: National Association of Manufacturers.

Nigh, Douglas W. and Phillip L. Cochran. 1987. "Issue management and the multinational enterprise." *Management International Review* 27 (1), 4-12.

Olsen, Michael D., Bvsan Murthy, and Richard Teare. 1994. "CEO perspectives on scanning the global hotel business environment." *International Journal of Contemporary Hospitality Management*, 6:4, pp. 3-9.

Preble, John F., Pradeep A. Rau, and Arie Reichel. 1988. "The environmental scanning practives of US multinationals in the late 1980's." *Management International Review* 28:4, 4-14.

Richardson, Bill. 1995. "The politically aware leader." *Leadership & Organization Development Journal*, 16:2, pp. 27-35.

Rogers, Jerry. 1983. *Global Risk Assessments: Issues, Concepts & Applications*. Book I. Riverside, CA: Global Risk Assessments, Inc.

Solis, Diane. 1993. "To avoid cost of US Prescription drugs, more Americans shop south of the border." *Wall Street Journal* (June 29): B-1.

Tombari, Henry A. 1984. *Business and Society*. New York: Dryden Press.

Wartick, Steven L. 1988. "The contribution of issues management to corporate performance." *Business Forum* 13 (Spring), 16-22.

Wartick, Steven L. and John F. Mahon. 1994. "Toward a substantive definition of the corporate issue construct: A review and synthesis of the literature." *Business & Society* 33:3, 293-311.

Wartick, Steven L., and Robert E. Rude. 1986. "Issues management: Corporate fad or corporate function?" *California Management Review* (Fall): 124-40.

Wood, Donna J., and Barbara Gray. 1991. "Collaborative alliances: Moving from practive to theory." *Journal of Applied Behaviroal Science* 27:1 (Dec.): 3-22.

第九章

管理全球企業的社會績效

　　富勒公司（H. B. Fuller）的主席兼總裁安德生（Tony Anderson）曾提出一個問題：「如果廠商生產的的產品被非法使用，企業該為此負起多大責任？被合法使用的產品難道就不會出現問題？」富勒公司生產一種以甲苯為原料的強力膠，雖然在歐美市場銷路平平，但是卻廣受墨西哥和中美洲工商業的歡迎。很不幸地，強力膠成為中美洲街童吸毒的來源之一。由於「吸膠客」容易取得廉價的強力膠吸食，造成腎功能衰竭和腦部傷害，使健康嚴重受創。富勒公司為了回應這種現象，便停止銷售兒童易於取得的小罐強力膠，並試圖控制中美洲配銷商的銷售策略。而富勒公司也捐助100,000美金，教育街童有關吸食強力膠對身體的危害。富勒公司更在1994年春天宣布，他們已經發展出一種可以取代強力膠的新聚合物（Makower, 1994: 282-4）。

　　許多產業都會碰上全球性的爭議和不同文化之間的衝擊，包括農具製造業、設備製造業、運輸業、配銷業、電訊、電子和電腦產業，甚至是「低科技」的產業如製鞋、成衣、布業都是如此。這些產業中的企業是否準備好迎接來自國際社會和政治衝擊的挑戰？經理人是否準備好處理全球利害關係人的需求與國際社會議題？在多變的全球環境裡，企業經理人如何「正確的」堅持其價值與目標？

學習管理全球企業的社會績效將有助於經理人迎向這些挑戰。如同國際企業績效的其他領域，策略性思考是準備的訣竅（參考Epstein, 1987; Wartick, 1992; Wood and Pasquero, 1992）。針對這一點，本書已從哲學面向、機構面向和反應程序面向檢視企業的社會績效，現在可以把焦點轉移到企業決策和行動的成果（outcomes）——此即績效的本質。意即，關注的焦點轉移到經理人用來評估與報告成果的工具，以及企業政策和計畫與政策採納的新資訊。從鉅觀角度來看，這些工具必須在管理全球企業社會績效的脈絡中使用，也就是說，面對全球企業社會績效的所有特質，必須採用一種更廣闊的「衛星觀點」（satellite view）加以觀照。為了達成這個目的，社會績效規則（CODE）應運而生，強調企業社會績效政策和程序中的一致性、機會、多樣性和危機處理能力。

評估和報告成果

若要評估和報告企業活動的社會成果，最好將之視為資訊蒐集、分析、討論和改變的持續過程或循環過程。這種循環的基本步驟如圖9.1所示。

當然，評估和報告的循環架構不只是企業本身的社會績效任務和策略，同時也是社會對於企業績效的各種期望，不管這些期望是否關乎法律。企業的社會績效模型如圖9.2所示，該模型在一、四章都曾介紹。模型底部的各種管理工具，可用在計畫、執行和評估模型中的各項元素。對企業社會績效管理來說，增進對第三階段管理工具（即成果評估）的認識是最重要的。

圖9.1　評估和報告社會績效

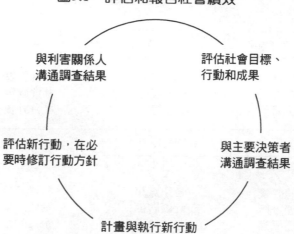

與利害關係人
溝通調查結果

評估社會目標、
行動和成果

評估新行動，在必
要時修訂行動方針

與主要決策者
溝通調查結果

計畫與執行新行動

資料來源：摘自Donna J. Wood, Business and Society. New York:
Harper Collins, 1990, p.585

影響評估

　　影響評估（impact assessment）係指那些用來確認和分析企業對社會造成影響的活動，其涵蓋面向包括：某特定成果的成本（或損失）與獲益、達成某特定社會目標或組織目標的進程、以及其他組織為同樣的目標所做的努力。與某特定利害關係人有關的影響最容易測量。如表9.1所示，這些影響都可以SEPTE模型矩陣的方式加以呈現（參考Wood and Jones, 1995）。以下介紹在全球企業環境中，社會影響評估可能遭遇的問題和機會。

　　以新的觀點確認企業活動對全球社會的影響。傳統的管理觀念（譬如對股東價值或顧客滿意度的看法過於狹隘）對社會

圖9.2　企業社會績效模型

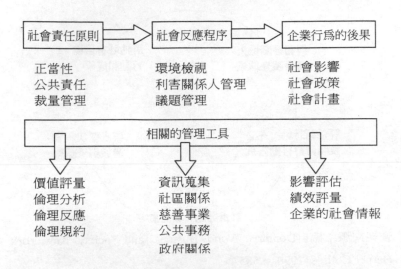

影響評估並沒有幫助，企業與其商業環境之間的關係必須採用新的思維進行省察，特別是經理人得開始思考：影響可能產生的各種環節（社會、經濟、政治、技術、生態）、哪些利害關係人會受到影響、不同國家和不同文化之間的異同。意即，到目前為止，本書意圖發展一種評估社會影響的觀點，讓經理人可以從資源分配與損耗、最終消費者的特性、政治穩定度、目標市場基礎設施的合宜性、長期的健康考量以及空氣、土壤或水污染等等角度，評估任何產品、技術、程序、政策或管理功能造成的影響。

　　需要以創新的取向計算成本與利益。經理人慣用成本－利益分析特定的計畫方案，這些方案的單位都是由易計價的美元、日圓、披索、福林（匈牙利幣）、法郎等，而國際性的計畫則得將匯率和風險因素加入計算。然而，許多受到關切的社會影響

表9.1　國際企業活動帶來的社會影響：
SEPTE模型／利害關係人架構

影響	員工	雇主	客戶	社區
			利害關係人	
社會	職業認同 訓練、技能	地位 財富	炫燿性消費 金錢競爭	工作基礎 人口組成
經濟	工作、收入	股價增減	物質需求	稅收 收入乘數
政治	「安全網」 計畫 歧視法案	企業統理 雇主權利	市場管制 資訊管制	關廠法
技術	產能增減	資訊	新產品傳播	基礎設施
生態	職場安全	資源損耗降 低利潤	包裝效果 產品棄置問題	空氣、水污染 有毒廢棄物 固態廢棄物 資源使用與保存

中，並沒有一套大家都接受的評價方式，也無法將其價值或後果換算成貨幣。以1987年蒙特婁公約為例，為防止臭氧層破洞繼續擴大，避免有害的太陽輻射線危害人體，該條約透過各國協商，排定氟氯碳化物減產乃至於停產的時程。不過，卻沒有人確實知道臭氧層耗損、停產氟氯碳化物以及條約本身的成本和利益到底有多少。事實上，成本與利益概念只能應用在簡單的且在有限時間內發生的問題，而不明確、大規模和國際性的問題就無法嚴格的透過數字來精算。

再者，在跨文化情境中，某項影響的價值（財務和非財務）

會因不同文化而有所差別。氟氯碳化物主要使用在冷藏和空調系統，美國和西歐等高度工業化社會相當依賴氟氯碳化物，家用和商用冷藏、空調、冷凍車和製程都會使用該元素。不過，這些社會有能力研發氟氯碳化物的替代物，並負擔改用替代物的代價。相較之下，開發中國家對氟氯碳化物的需求較少，也較無能力負擔研發替代物的成本。因此，停用氟氯碳化物在不同的國家會有不同的成本與利益。

企業在進行社會影響評估時，需要以創新的取向克服傳統思維的障礙（Bruce, 1989）。譬如某些經濟學家認為環境污染的經濟成本與利益可以用金錢衡量──經濟學家傳統上將其視為外部性或周邊效應（參考Rose, 1970）。配合法例及維持政府關係的成本，可視為製造成本的一部份，並納入整體經營成本中。這種偶發性評估法（contingent valuation method）已經應用在評估污染成本與利益的層面，如污染者應負的法律責任、對健康的危害以及環境清潔所付的代價等。偶發性評估法的基礎為評估資源現況以及個人為改善資源所需付出的代價。美國1991年清潔空氣法案（Clean Air Act of 1991）及濕地保護法案便是以偶發性評估法作為量化評估基礎（Johansson, 1994; Barbier, 1994; Geddis, 1994）。但是偶發性評估法因估算誤差及可信度低而廣受批評（Niewijk, 1994），新的測量法還有待開發。

要評估企業對其設施所在地區整體生活品質的貢獻，可從政府的統計數字著手。以瑪克拉多拉這家設於墨西哥邊境的外國工廠為例，雖然工廠傾倒污染物與剝削勞工惡名遠播，但瑪克拉多拉薪資高於平均所得，並提供工作給雙薪家庭，使社區生活品質的提昇，卻是不爭的事實。

社會影響評估需要員工的參與。一般說來，若要讓一個新程序產生效果，需要人們從事一連串的動作。其中很重要也常被忽視的，就是培養組織成員對這個看法的承諾感（feelings of commitment）。首先，社會影響評估這類新概念在執行初期可能需要一位管理專家負責引導、啓發和推廣，不過最後仍然需要認同這種作法的其他成員共同參與，進而影響其他人。

從實務的角度來看，對社會影響評估的承諾的不可或缺的。當評估程序在公司內部制度化之後，需透過經理人及組織內所有階層的人一同執行。這些評估者處於確認影響的最佳位置，能察覺到隨時間而變化的影響，並在程序中做出改善建議。如果組織中沒有這樣的決心，影響評估只不過另一種紙上文章，更甚者，是淪爲一種迷惑、操控或破壞的手段。

社會影響評估需要利害關係人的參與。在利害關係人的參與之下，社會影響評估方得以完全發揮其價值。試想，如果企業試圖評估其運作對不同利害關係人造成的影響，但卻無法從利害關係人那兒得到任何資訊，結果會怎麼樣？更糟的是，如果企業與利害關係人的關係惡化，導致利害關係人故意提供錯誤資訊，那又該怎麼辦？

如同第四章所討論的，利害關係人管理絕對不是控制環境中成員和組織的管理工具，而是與利害關係人接觸，以及建立誠實、信賴互惠關係的長期程序。

績效評估

企業的社會績效（corporate social performance）是一個組織

層次上的概念，它需要組織內部成員的參與。績效評估是企業
與內部成員溝通社會影響評估結果的最佳方法，透過績效評估，
可以得知員工對企業社會績效策略和結果的想法，並且刺激他
們提升對整體企業社會績效的貢獻。

伍德（1994: 703-5）列出幾項能達成企業社會績效目標的必
要成分：

● 經濟和社會成就同等重要。
● 社會目標可用來考察經理人所屬部門的執行能力。
● 大多數的社會成就，均可測量、觀察、紀錄，也與經濟成
就有關。
● 經理人的報酬，無論是加薪、紅利或擢升，都與社會及經
濟目標的達成有關。
● 公司的高層主管全面協助經理人達成社會目標。

實際上，這意謂公司的錢必須用在刀口上。如果經理人發
現其薪俸的支付完全依據其財務績效，那麼即使公司總裁在年
度演講上宣揚社會責任，公共事務部門大談利害關係人關係，
這一切都是枉然。沒有實際行動作後盾，只有花言巧語，利害
關係人也不會買帳。

許多人力資源文獻對績效評估的技術發展多所介紹（請參
考Grider and Toombs, 1993; Rollins and Fruge, 1992; Scutt, 1993;
Tinkham and Kleiner, 1993; Wills, 1993），本文無需贅述。不過，
為了要讓績效評估適當地處理社會目標，我們必須觀察下述重
點：

● 每一位經理人的社會目標必須和企業的任務和策略有關，
　必須是可執行的，且能被清楚陳述和加以測量（意即涉及
　經理人的工作及其執行能力）。

● 經理人應有足夠的資源（預算、工作人員、授權等等）以
　達成社會目標。

● 經理人直接對達成社會目標負責。

● 經理人及其上司應共同評估社會績效，並研究未來的改善
　計畫。

企業的社會情報

　　企業的社會情報（corporate social reporting）被界定為自發性的提供與企業政策、程序和活動帶來的社會後果有關的資訊。1970年代，美國的企業曾經襲捲一陣短暫的社會情報風潮，但隨後在企業擔憂這些情報會成為費德瑞克（William C. Frederick, 1978）所說的「數落企業的社會原罪」而逐漸消聲匿跡。美國企業依法需向政府報告部分有關企業對社會的影響，如職業病和安全紀錄，或環境污染指標等的相關資訊，但必須申報的範圍太過侷限。許多大型企業在其年度報告中納入社會責任聲明，但現在也只有少許美國公司會定期自發地做出社會情報。而這些公司也只是強調其與社區的關係及慈善義舉，討論的內容也與企業整體任務與目標毫不相干。嚴格說來，這些情報根本不足以涵蓋企業對社會的整體影響。

　　在歐洲，因為政府嚴令要求，部分企業社會情報已經制度化。德克斯和安戴爾（Dierkes and Antai, 1986）進一步點出，歐

洲企業社會情報係強調勞工管理關係、員工安全與衛生、以及
其他與員工相關的企業政策和運作。不過，最近歐洲企業在其
社會情報中也包括大量的自然環境訊息。歐盟對社會情報的重
視不亞於生產品質、包裝和分類標準。

　　瑞士大零售商麥格洛斯公司（Migros Genossenschaftsbund
AG）從1978年開始，就以其兩年刊《社會情報》（Social Reports）
成為全球企業社會情報的領導者。其中，每一份情報都在前一
份情報的基礎上加以深化和拓展，同時也會增添其他的來源與
資訊類型。這家公司的社會情報也經歷過多種不同的評估技術
和情報分類。麥格洛斯公司的社會情報增加利害關係人對該企
業的認識，致使評估更為開放和透明；此外，對於尋求改善企
業各方面績效的經理人來說，情報內容也為提供有價值的內部
訊息來源和分析資料。

　　雖然許多政府要求企業提供許多與社會有關的訊息，但世
界上卻少有企業組織會自發地提供廣泛的社會情報，原因在於
企業的獲利導向價值觀和缺乏利害關係人的鞭策等等。不過，
對於那些投入這類自發行為的企業來說，缺乏動機、或者經理
人未能認知這項動機的重要性是一般常見的通病。

　　什麼樣的動機能促引企業願意提供企業的社會情報？德克
斯和安戴爾（1986: 108）提到企業社會情報的三項主要功能：

● 　匯集各類資訊，做為決策參考。
● 　對企業活動造成的社會影響提供正確的解決方案和充足的
　　資訊。
● 　允許監看、評估，並在必要時由利害關係人控制企業的社

會行為。

企業可採取各種不同的方法進行評估和報告其社會績效，德克斯（1980）、德克斯和安戴爾（1986）列出四種不同類型的社會情報：

1.　**目錄式報告法**（the inventory reporting approach）。列出與企業社會績效相關的所有活動、計畫和結果清單。
2.　**社會指標法**（the social indicators approach）。就選定項目比較企業的績效，例如使用產業平均率、社會指數、政府標準，或其他相關總體統計數據，比較污染控制或少數民族雇用率。
3.　**目標陳述與報告法**（the goal accounting and reporting approach）。說明企業為其社會績效擬定的目標，以及達成該目標的計畫與政策，並評估企業是否達成其目標。這個方法被廣泛使用。
4.　**資產負債表報告法**（the balance sheet approach）。加總企業社會績效的成本與獲利、成功與失敗，其作法猶如財務上的資產負債表計算，不過此法較少被使用，

圖9.3以三種功能交叉表呈現上述四種社會情報類型在管理上的用處。

不是所有經理人都樂於接受公司決策和行動的透明化和公開化。不過，對國際企業來說，透過社會情報使企業活動更加透明化，使企業得以同時面對其機會與威脅。例如，麥格洛斯

圖9.3 四種社會情報類型在管理上的用處

	目錄式報告法	社會指標法	目標陳述與 報告法	資產負債表 報告法
支持管理決策	低	低	高	低
提供良好資訊	高	高	低	高
監看及評估	低	高	高	低

公司的社會情報讓該公司順利發現新的獲利商機、節省成本支出的可能方法，以及面對不平等的薪資規模可能導致的員工向心力不強，甚至產生降低生產力的結果。

　　我們很難估計多國籍企業為開發中國家帶來多少經濟和社會利益。有位作者提到，南方秘魯銅礦公司（Southern Peru Copper Corporation）在1970-1979近十年間，在秘魯投資近10億美元，對當地經濟有14億美元的回饋；火石輪胎與橡膠公司（Firestone Tire & Rubber Company）於1981年為阿根廷帶來1.22億美元的經費（Micou, 1985: 12-13）。福特、本田和通用汽車等大型汽車製造廠進駐匈牙利，有助於減少該國政府龐大的赤字問題（Moore, 1993）；奇異公司在西班牙Murcia區設廠，讓該地區在1990年的總體生產值足足提高了31%，創下西班牙境內近年新高（"Murcia", 1993）；可口可樂與非裔企業集團在南非的合資計畫，使可口可樂在反對南非種族隔離政策上佔有舉足輕重之地位（Moskowitz, 1994）；默克藥廠（Merck）與哥斯大黎加保護研究機構合作，發展兼具提高收成和保護雨林的藥劑成分，首創開發中國家自跨國企業的研究中受益之例（Moskowitz, 1995）。

　　當然，社會情報永遠無法達到顧及環境與多國籍企業各項

複雜體制的最佳狀態，不過，企業可從下述四個領域評估他們
對地主國的正面助益：

1. 多國籍企業透過雇用、訓練和「本土化」（授權當地經理人）
   的方式發展人力資源；
2. 以研發和技術移轉方式強化專業知識；
3. 藉由創造財富、鼓勵本土企業和提供消費物資來提昇生活
   水準；以及
4. 透過健康、居住、飲食與教育等援助計畫，提升當地的生
   活品質（Micou, 1985: 12-13）。

　　作為管理全球企業社會績效的工具，社會情報具有許多好
處，它在企業與其利害關係人之間建立資訊分配的程序與機制，
讓管理階層有足夠的內部資料瞭解企業如何順利達成其目標，
讓員工瞭解企業處理社會績效的方式，並協助經理人確認問題、
儲存潛能與發現新的企業契機。最後，社會情報還能提升企業
在利害關係人心目中的形象。

　　無論在哪一種管理資訊系統中，想達成上述功能的企業社
會情報必須具有可信性（credibility）。專欄9.1是社會情報的「可
信性4C表」（Wood, 1994）。

為全球社會績效準備舞台：
管理的觀點與企業社會績效

　　公司的企業社會績效策略之本質，相當程度的取決於公司

專欄9.1　社會情報之可信性4C表

企業社會情報之所以可信，是因為它提供：

清楚的公開說明（clear presentation）

使用易於瞭解的文字和適當的圖表清楚說明話題、計畫與結果。

全面性的涵蓋範圍（comprehensive coverage)

舉凡與企業內外部重要利害關係人有關的話題範圍都得涵括在內，利害關係人會注意到他們關心的話題或議題有沒有列入社會情報中。

內容的一致性（consistent inclusion）

每一份社會情報都具有延續性。長時期的比較企業的社會情報是必要的，因此，上一份情報對於問題的認定必須延續到下一份情報。

可比較的測量與報告技術（comparable measurement and reporting techniques)

逐年比較各項指標，此種評估才具有可信性。

資料來源：Wood, 1994。

經理人如何定位自我及其企業與週遭世界的間係。安德勒（Nancy Adler, 1991）發現，從事跨國業務的企業經理人一般都會關心本土、國際和全球三個層面的脈動。這些層面確實會影響該公司的生產策略、聘雇計畫、組織架構等。而較難以察覺的是，該公司經理人對企業與環境關係之層面，也會影響公司的企業績效（Wartick and Cochran, 1985）。

本土觀點

　　完全採用本土觀點的經理人能熟知其母國市場、管制和環境狀況，但對於國外市場和環境卻所知有限。這種觀點會養成一種「你我有別」的想法，而此種想法正是傲慢心態的溫床。例如美國鋼鐵公司的高級主管會抱怨他們得和滿口破英文的韓國人做生意，例如美國嬰兒食品製造商把包裝上印有白人寶寶的嬰兒食品運到非洲，不知道非洲人會把產品圖片當作成分標示。歐麥（Kenichi Ohmae, 1989: 152）以眼光短淺描述這種狀況：「經理人的視野僅限於母國客戶及相關組織，其他的人與事務在其眼中都是另外的世界」。

　　從事國際事業的經理人如果只持有本土觀點，可能只把公共事務的焦點擺在美國聯邦政府及相關州政府，只重視維護國內的企業形象，對於公司從事企業活動的地主國，如日本、瑞士、巴西等政府視若無睹，與母國政府的作法南轅北轍。這種只知掌握國內環境脈動，對其他國外市場不聞不問的公司，其企業社會績效策略也會著重母國的利害關係人及類似的價值和倫理規範。經理人將錯失國外市場上的諸多商機，同時也不可避免地必須面對國外市場的危機及威脅。

國際觀點

　　有國際觀的經理人會瞭解和意識到本國市場與國外市場的文化差異，他們不會以偏蓋全地將市場區分為「國內與國外」，而將之視為一個獨特的市場：如南美、西歐、日本、大陸、以

色列、中非等等。有國際觀的企業重視使用地主國語言與當地
人打交道,不過,這些企業不會要求所有經理人(除了少數專
家之外)都必須具備國際經驗或多語能力。

國際觀點可以協助企業經理人瞭解利害關係人的策略、公
共事務、甚至是對企業社會責任與績效的界定會隨著文化的不
同而有所差別。經理人在接受不同文化敏感度的訓練後,將更
能瞭解生意夥伴的文化與價值背景,避免不必要的誤會甚至不
快;另外,也能發現在某些市場上存在著在其他市場看不到的
利害關係人,並瞭解這些利害關係人在不同文化中的權力類型
與影響力。對於那些尚未進入全球階段的企業來說,持有國際
觀對企業的經營已有相當好的助益。

不過,國際觀將會變得愈來愈複雜。在三個國家從事企業
活動的經理人使用的戰術和戰略,很難用來管理業務涉及40-90
個國家時的狀況。更甚者,國際觀可能會將企業帶進文化相對
論的迷宮,迫使企業採取自由放任式社會績效「策略」(更精確
的說法是沒有策略)。也就是說,當經理人面對各式各樣的文化、
倫理和社會期望時,他們可能會撒手不管,或者選擇遵守任何
一種倫理或文化律例。不過,若從進化論角度看待管理觀點,
國際觀是往全球觀點邁進的必要步驟。

全球觀點

最後,當企業總部經營者將自己定位成為不同國家的各種
市場服務,全球觀點就會形成(Garland and Farmer, 1986)。歐
麥(1989: 153)以等距原則形容這種現象:「企業發現與許多重

要客戶的距離都相等」，而不是以國內外有別的觀點看待。以生產策略為例，一家全球企業不必找尋「全球產品」（universal product），從設計、製造到銷售一手包辦。相反的，就如同日產公司（Nissan）的作法，只為全球性的區域市場上「領先國家」專門設計一項產品，進而部分修正該產品以符合其他主要市場的需求（Ohmae, 1989）。這種「全球」產品是為特定市場量身訂做，對公司和市場市具有重要意義。

在一個具有全球觀的企業中，經理人不只要有多國語言的能力，還要有多元文化觀。日本分公司由日本經理人聘雇日本員工，阿根廷分公司則由阿根廷經理人聘用阿根廷人，以此類推。更甚者，連企業總部都不再是「本土的」經營格局，而是能反應出企業在不同市場發展的多重倫理與文化差異。在企業總部工作的經理人不論國籍為何，都能體驗各種文化，以便往全球階段邁進。

從公共事務、議題管理和企業社會績效的角度來看，採取全球觀的企業有能力逃脫「母國對上地主國」的認知陷阱，而這個陷阱正是本土觀和國際觀無法脫離的包袱。全球企業用會較複雜而廣泛的觀點來瞭解其全球業務，對他來說，生產設備所在的國家就是「母國」。以可口可樂為例，該公司在1992年贊助奧運，並在全球148個買得到可口可樂的國家連播贊助奧運的電視廣告；Mars糖果公司也以同樣手法在許多不同文化中播放廣告，宣傳當人們享受奧運時，也享受M&Ms。這種手法與只是一味宣傳他們贊助美國奧運隊伍的公司，在性質上截然不同。

十年前，「企業無國界」似乎是業者為了逃避母國嚴格的法令限制、倫理挑戰和利害關係人要求所滋生的觀念。然而，當

代資訊革命的完成，促使全球性的利害關係人隨著全球企業而出現，企業已經無法逃離社會和政治內在連繫產生的影響。就這層意義來說，當一個地方可以投入資源並能產出報酬，此地即為「母國」。當世界成為一個「母國」，企業經理人就能輕易地依不同文化要求調整其對生活品質的不同期待，並協助提昇全球生活標準。經理人可藉此避免仍崇尚尊重文化獨特與差異的文化相對論陷阱。

全球社會績效的「衛星觀」：企業社會績效的管理規則

打個比方，如果我們站在山頂，俯看一項有效的企業社會績效策略，我們會看到什麼？即使在最好的環境中，想管好全球的社會績效都不容易，所以經理人得清楚掌握一項好的企業社會績效策略具有的重要特質。專欄9.2列出企業社會績效管理的四項規則，提醒經理人需要注意哪些。

一致性

當艾默生（Ralph Waldo Emerson）寫下「愚蠢的一致性是個調皮的小妖精」，他強調的是愚蠢，而不是一致性（Seldes, ed., 1985）。全球性的企業社會績效策略之所以必須保持一致性，不是為了要取悅那些想妥善安置每件事的儀式主義者，而是為了讓組織行為能擁有邏輯的、完備的倫理推論和清楚的導引。以下介紹企業社會績效一致性的重要構成要素。

專欄9.2　企業社會績效管理的四項規則（CODE）

一致性

內部一致性原則、應用、測量技術、報告實務。

機會

在環境中辨識機會，提供投入的機會，將企業社會績效視爲幫助企業融入環境的機會。

多樣性

適應、計劃、管理和推崇環境、文化、工作場合、勞工團體、客戶、社區和其他利害關係人的多樣性。

危機處理能力

在危機中迅速負起責任：提供訊息與技術知識、快速佈署資源、減少傷害、管理利害關係人關係、解決問題。

　　內部的一致性原則。企業的策略與運作背後的各種驅動力量必須彼此一致，但是，倘使企業面對兩種動機原則——「一切以獲利爲依歸」以及「保護自然環境」——之間產生矛盾，企業社會績效策略的一致性就很難維持。（內部一致性原則可能是「合理的獲利」與「環保的責任」。）

　　另一方面，企業社會績效的活動和結果需要企業整體任務和策略的配合。這不是說只有慈善行爲這類活動才能與企業的生產線／服務線搭配，而是企業的高階主管必須全面性的思考產品和服務、運作與技術、政策和執行，以便評估其與企業總體關懷的一致性。

　　前後一致的應用原則與程序。在面對類似環境時，經理人會在倫理推論中應用相同的原則、程序或政策（Velasquez,

1992），但是當經理人身處不同文化時，卻很難再以這種方式行事，因為世界上主要的倫理體系之間存在著根本的歧異。然而，無論企業在世界哪個地方落腳，仍然有權利在法律限定的範圍內，以及主要文化期望的範疇內決定自己的基本原則，並建立實行這些原則的程序。譬如企業可以訂定出尊重人類、誠實廣告、重視員工職場安全的基本原則，這類公司會制定相關的政策和程序，確保這些原則可以在實務經營上被前後一致地施行。

　　一致性的測量技術。經理人在每個年度和不同文化當中，都應該使用類似的工具測量社會影響。同樣地，如果能夠針對各個文化和市場，一致性的蒐集全球性的以及特定市場上的利害關係人資訊，這些資訊將可易於消化和使用。一致性的測量讓經理人掌握這些無價的比較性資訊：他們如何在不同的市場上達成其目標、會造成什麼樣的影響、以及預期利害關係人的機會或挑戰。

　　一致性情報政策和程序。最後，無論在內部決策管理，或在外部關係和形象管理上，全球企業社會績效策略得具備使用利害關係人管理與社會成果資料的程序。每年都用不同的測量方法，或曾提出問題但未再予以討論的報告都不實用，有時甚至會對公司造成傷害。

機會

　　在全球企業社會績效經營策略中，機會是重要成份，因為企業社會績效本身具前瞻與後顧的特質。此處的重點在於辨識、提供和依機會運作，以強化企業社會績效及其所在環境人們的

生活品質。

　　辨識環境中的機會。許多學者研究過企業高層主管對於商業環境中機會與威脅的看法，以及不同看法如何影響企業對環境的因應（參考Piercy, 1989; Proctor, 1992a, 1992b）。全球環境大幅擴張了機會與威脅的實際範圍。前後連貫的企業社會績效策略讓經理人可以全面分析企業的全球活動範圍，發覺可以提升企業社會績效的許多機會。例如，提供給開發中國家識字計畫、通識教育援助、或照顧員工及家庭健康，就絕對是雙贏政策。

　　提供投入機會。企業中每個層級的員工都需要一個管道，來表達對於企業社會影響的觀察及建議。同樣地，利害關係人也需要機會告知經理人企業運作對他們造成何種影響。例如，勞工代表和歐洲理事會政府代表每年會正式表達利害關係人對企業運作的關心與利害關係。

　　運用機會促進企業與環境一致。在當今複雜的企業環境裡，企業的社會績效是組織融入社會的總體策略中的一種。譬如，日本企業為人稱道的不是其慈善行為，而是「堅守本業」（sticking to the knitting），不過日本在歐洲和北美運作的公司得改變對慈善活動的看法，以便融入當地社會。如：野村證券公司捐贈280萬協助倫敦興建泰特美術館分館；豐田汽車公司為美國黑人青少年設立獎學金；日本電視網公司資助梵蒂岡修復西斯汀教堂屋頂上著名的米開朗基羅壁畫等等（"Altruism," 1988: 13）。

多樣性

　　全球企業社會績效策略需要適應和反應多樣性，這似乎和

一致性的需求相互扞格。然而，每一項全球性企業社會績效策略都必須適應、計畫、管理和推崇企業所處環境的多樣性。

　　因應多樣性的計畫意指接受世界不會突然趨於同質，而且在可預見的將來，全球企業需要調整自我去適應不同的文化、工作環境、產品／服務要求、法律與管制環境等等。

　　適應與管理多樣性，確定所有從事國際運作的員工對於文化異同保持敏感度，並教導他們如何處理棘手的問題。全球企業的經理人需要例行性的接觸語言訓練、翻譯人士和研究人員，而會議也需要多語同步翻譯。

　　不過，文化的難度可能更甚於語言。表面上的文化差異，如衣著、用餐習俗、居住及禮節等，只要經理人學習尊重這些文化的差異並具敏感性，都能容易適應。然而，有些根深蒂固的文化差異難以掌握，例如不同文化對婦女的態度，或種族或階級意識等。因此，企業的高層主管與董事會成員必須決定該公司能接受什麼樣的文化，並在公司運作的程序、政策和報酬體系中貫徹該文化的價值。

　　推崇多元經常在全球多樣化的環境中被忽視。經理人習於從控制、命令、確定、平穩的角度思考和行動，當然就不容易放鬆下來，單純地欣賞人類和文化多樣性的魅力。全球企業社會績效策略的目的不在創造同質性的文化，而是在重視各種文化的優點與美麗的基礎上，建立利害關係人關係，並保存和推崇不同的文化。

危機處理能力

　　危機處理無疑是現今所有大型多國籍企業必須具備的能力。即使是管理最完善的企業也會發生危機事件，如油槽漏油、墜機、安全閥失靈、員工操作失誤、蓄意破壞產品等。有時，在國際企業範疇中，事情進展得愈順利愈有可能發生危機。全球企業社會績效策略強調的是，企業必須做好準備，能夠在危機發生時立即扛起責任。

　　許多著作對危機管理多所介紹（參考Mitroff, 1993; Pauchant, 1992），一般而言，企業社會績效策略必須確定在危機發生時，能夠在最短時間內組成危機處理小組，讓訊息得以自由和正確的流通，並立即明快的處理問題，以降低可能傷害。利害關係人也應納入危機管理程序中，並以最快的速度修正問題。

　　在危機發生時願意對利害關係人負責的公司，通常非常容易獲得諒解；相反地，拒絕負責、虛張聲勢的公司永遠不會被原諒（參考Pagan, 1986）。因此，全球企業社會績效策略若能進行有效率的危機管理，就能建立堅固、信賴和長期的利害關係人關係。

結論：全球企業社會績效策略的影響

　　傅立曼（R. Edward Freeman, 1984）從企業利害關係人的觀點探討企業，提出「企業策略」（enterprise strategy）扮演的角色。經理人不該只是詢問商業層次上的策略問題：「我們從事哪一種事業？我們應該從事哪一種行業？」而是應該自問「我們的立場為何？」這個問題的答案可以具體表露企業的核心價值、能力的配置及其投資人力與財務資源的方式。

企業有沒有可能支持全球社會績效？公司的企業策略能不能加強企業身處的環境（如社會、政治、經濟、技術和生態）與市場、文化和全球人類之間的關係？我們假定該策略是可行的，並且已有許多企業開始採納。

第四章曾簡略介紹的瑞士合作企業東尼優格（Toni Yogurt）就是一個好例子。1970年代東尼公司的總裁瑞吉司（Walter Regez）要求該公司的經營得兼顧環保和經濟。這項企業層次的任務指示公司嚴格要求包裝必須符合環保，並決定使用可回收的玻璃容器。這項行銷策略迫使瑞士境內所有酪農業進入減少能源與自然資源浪費、提昇消費意識及創新科技的環保競爭階段。對於東尼公司的努力，學者戴力克（Thomas Dyllick, 1989: 661）寫道，

> 我試著評估東尼公司成功的生態策略……，不過只是評判該公司本身的成功是不夠的。東尼公司真正的成功是改進了整個產業的總體生態，他的作為使得生態因素成為企業行銷策略的一環。透過對生態的重視，東尼公司成功的把產業競爭的焦點由價格轉到生態環境。事實上，東尼公司在70年代中期只是一家市場佔有率2%的小公司，但卻有能力改變遊戲的策略規則，導致所有競爭者必須改進包裝以符合生態環保，光是這個結果就足以證明東尼公司在生態策略上的成功。

在東尼公司的案例中，有幾個重點必須注意。首先，該公司致力於降低環境廢棄物的作法並未妨礙其財務績效目標的達

成，東尼公司採取的回收策略更大幅提升其財務績效。其次，
東尼公司在容器回收的領先作風，改變了所有競爭者的遊戲規
則，讓各家公司群起效尤，願意採用可回收的包裝。第三，東
尼公司的成功激勵了企業投入新造和創新，鼓勵企業執行者找
尋結合社會績效目標和財務績效目標的方法，俾益提升企業及
其利害關係人乃至於地球的價值。

　　企業策略若以全球社會績效為標的，便能讓企業在其營運
據點所在的各文化乃至於整個全球社區當中，成為一個強而有
力的行動者。這種策略和機會伴隨著許多的責任——企業必須
秉持良善的信念，致力提升各文化和全球人類的生活品質。對
企業而言，這樣的理想是永無止盡的。

參考書目

Adler, Nancy J. 1991. *International Dimensions of Organizational Behavior.* 2nd
　　ed. Boston, MA: PWS-Kent Publishing Co.

"Altruism motivated by a big dose of self-interest." *International Management*
　　(Dec. 1988): 13.

Barbier, Edward B. 1994. "Valuing environmental functions." *Land Economics*
　　70:2, 153-73.

Bruce, Leigh. 1989. "How green is your company?" *International Management*
　　(Jan.): 24-7.

Dierkes, Meinolf. 1980. "Corporate social reporting and performance in
　　Germany." In Lee E. preston (ed.), *Research in Corporate Social Performance
　　and Policy*, Vol. 2. Greenwich, CT: JAI Press, 251-90.

Dierkes, Meinolf, and Ariane Berthoin Antal. 1986. "Whither corporate social reporting – is it time to legislate?" *California Management Review* 28:3 (Spring): 106-21.

Dyllick, Thomas. 1989. "Ecological marketing strategy for Toni Yogurts in Switzerland." *Journal of Business Ethics* 8: 657-62.

Epstein, Edwin M. 1987. "The corporate social policy process: Beyond business ethic, corporate social responsibility, and corporate social responsiveness." *California Management Review* 29:3 (Spring): 99-114.

Frederick, William C. 1978. "Auditing corporate social performance: The anatomy of a research project." In Lee E. Preston (ed.), *Research in Corporate Social Performance and Policy*, Vol. 1. Greenwich, CT: JAI Press, 123-38.

Freeman, R. Edward. 1984. *Strategic Management: A Stakeholder Perspective*. Marshfield, MA: Pitman (now New York: Ballinger/HarperCollins).

Garland, John, and Richard N. Farmer. 1986. *International Dimensions of Business Policy and Strategy*. Boston: PWS-Kent/Wadsworth.

Geddis, Robert. 1994. "When does the cost of monitoring outweigh the benefit?" *Iron Age New Steel* 10:7, 47.

Grider, Doug. And Leslie Toombs. 1993. "Current Practices of performance appraisal as a linking mechanism for human resource decisions in state government." *International Journal of Public Administration* 16:1 (Jan.): 35-56.

Johansson, Per-Olov. 1994. "Altruism and the value of statistical life." *Journal of Health Economics* 13:1, 111-18.

Makower, Joel. 1994. *Beyond the Bottom Line: Putting Social Responsibility to Workfor Your Business and the World*. New York: Simon & Schuster.

Micou, Ann McKinstry. 1985. "The invisible hand at work in developing countries." *Across the Board* 22:3 (March): 8-15.

Mitroff, Ian I. 1993. *Crisis Management: A Diagnostic Guide for improving Your*

Organization's Crisis-Preparedness. San Francisco: Jossey-Bass.

Moore, P. 1993. "Hungary." *Euromoney*. (March): 133-36.

Moskowitz, Milton. 1994. "Company Performance Roundup." *Business & Society Review* 91, 54-63.

Moskowitz, Milton. 1995. "Company Performance Roundup." *Business & Society Review* 93, 70-80.

"Murcia makes good." 1993. *Corporate Location* (August): 556.

Niewijk, Robert K. 1994. "Misleading quantification." *Regulation* 17:1, 60-71.

Ohmae, Kenichi. 1989. "Managing in a borderless world." *Harvard Business Review* 67:4 (May-June), 152-61.

Pagan, Rafael D., Jr. 1986. "The Nestle boycott: Implications for strategic business planning." *Journal of Busines Strategy* 6:4 (Spring): 12-18.

Pauchant, Thierry C. 1992. *Transforming the Crisis-Prone Organization: Preventing Individual, Organizational, and Environmental Tragedies*. San Francisco: Jossey-Bass.

Piercy, Nigel. 1989. "Making SWOT analysis work." *Marketing Intelligence & Planning* 7:5, 6, 5-7.

Proctor, R. A. 1992a. "Structured and creative approaches to strategy formulation." *Management Research News* 15:1, 13-18.

Proctor, R. A. 1992b. "Selecting an appropriate strategy." *Marketing Intelligence & Planning* 10:11, 21-4.

Rollins, Thomas, and Mike Fruge. 1992. "Performance dimensions." *Training* 29:1 (Jan.): 47-51.

Rose, Sanford. 1970. "The economics of environmental quality." *Fortune* (Dec. 23).

Scutt, Linda. 1993. "Evaluating appraisal." *Training Tomorrow* (July): 22-3.

Seldes, George (ed.). 1985. Ralph Waldo Emerson, "Self-Reliance", as quoted in

The Great Thoughts. NY: Ballantine Books.

Tinkham, Robert, and Brian H. Kleiner. 1993. "New approaches to managing performance appraisals." *Work Study* 42:7 (Nov./Dec.): 5-7.

Velasquez, Manuel G. 1992. *Business Ethics: Concepts and Cases.* 3rd edition. Englewood Cliffs, NJ: Prentice-Hall.

Wartick, Steven L. 1988. "The contribution of issues management to corporate performance." *Business Forum* 13 (Spring), 16-22.

Wartick, Steven L. 1992. Comment on the papers by Freeman, Hogner, and Wood and Pasquero." Conference on Perspectives on International Business. Columbia, SC: University of South Carolina, Center for International Business Education and Research (May 21-4).

Wartick, Steven L. and Philip L. Cochran. 1985. "The evolution of the corporate social performance model." *Academy of Management Review* 4, 758-69.

Wills, Gordon. 1993. "Your enterprise school of management." *Journal of Management Development* 12:2, 25-35.

Wood, Donna J. 1994. *Business and Society.* 2nd edition. New York: Harper-Collins.

Wood, Donna J. and Jean Pasquero. 1992. "International business and society." Conference on Perspectives on International Business. Columbia, SC: University of South Carolina, Center for International Business Education and Research (May 21-4).

Wood, Donna J. and Raymond E. Jones. 1995. "Stakeholder mismatching: A theoretical problem in corporate social performance research." *International Journal of Organizational Analysis* 3:3 (July): 229-67.

第十章

未來的企業與社會

　　世界變遷的速度有多快？在1990年1月，雖然有些人擔憂東西德合併可能會創造出「另一個不友善國家」，但是許多美國企業總裁卻對東歐局勢抱持謹慎樂觀的態度。東西德統一的速度超乎大家預期。香吉士企業總裁告訴財星雜誌記者：「拆毀柏林圍牆與兩德統一之間，還有好長一段路要走」（Alpert, 1990: 126），此話言猶在耳，沒想到幾個月後，東西德就在1990年的10月24號統一。統一事業在五年之後進展得相當順利，拜西德和外資的2,000億馬克的投資所賜，前東德的製造業生產力遽增，但是居高不下的失業率，仍為新德國的發展投下許多變數（Jones, 1995; Hall and Ludwig, 1994）。

　　國際企業與社會的未來關係仍不明朗，但仍可透過檢視幾個影響因素來勾勒其模糊輪廓。其中一項影響因素是全球的社會、政治、技術與經濟力量，這些力量影響每一個人，卻沒有人能加以掌控，而主權國家和國際組織的決策與行動也會對企業與社會的關係產生深遠影響。未來的世界取決於各個經理人及其企業組織的知覺、選擇與行動，所以國際經理人必須做好準備，充份理解與掌握全球趨勢、國家行動、組織選擇與個人選擇之間的相互影響力量，全力迎向不確定的未來。

　　本章將重述全書要旨，提出國際企業與社會領域中尚待解決的一些難題，並預測企業與社會之間的未來關係。

回顧企業與社會的國際面向

　　本書針對企業組織與社會、政治、技術、經濟和自然環境之間的關係進行研究，以下將檢視用來分析國際企業與社會的概念性工具。

　　SEPTE模型分析。我們可以使用下列的分類表將全球企業環境分成數個面向：

- **社會環境**：文化、價值、人口、社會組織的形式。
- **經濟環境**：生產與分配的狀況。
- **政治環境**：影響力、法律、公共政策和管理。
- **技術環境**：生產工具與方法、資源控制、溝通、以及知識的生產與運用。
- **生態或自然環境**：天然資源、自然美對情緒與精神的幫助，以及生命本身的存續。(Wood, 1994.)

　　把事件、趨勢、機會、威脅等歸類到社會、經濟、政治、技術和生態領域，是掌握複雜全球企業環境的一個好方法。再者，事件如能以此法分類，經理人便可歸納這些面向彼此間的互動，譬如觀察歐洲新制定的環境法案將如何改變化學公司與其他環境部門間的關係。

　　機構－意識型態模型。該模型由SEPTE模型精煉而成(Wilson, 1977)，以技術和自然環境發展的可能性為基礎，強調各種意識型態 (或信仰體系) 與機構行為之間的相互關係具有其重要性。機構－意識型態模型在國際領域中特別有效，因為它不會把特

定組織和特定機構或意識型態連結起來，而是把特定組織與其
運作程序和功能接合，讓多國籍企業經理人容易瞭解：在不同
國家當中，宗教團體如何管理政府；自發性組織如何維持教育
體系的運作；健保組織如何由特定的社會運動份子操縱；或政
治如何掌控所有產業的重要命脈。

政商關係。政府的功能在於建立社會控制與分配社會資源
的遊戲規則。從實然與應然的角度來看，有些因素會影響政商
之間的關係架構。全球性的分合力量與影響力漸增的國際組織
一直是驅動全球政商關係變遷的力量，多國籍企業經理人必須
瞭解，這股力量是機會也是威脅。當多國籍企業經理人在重新
界定企業與政府之間、以及企業與國際性準政府組織（quasi-
governmental bodies）之間的關係時，可以使用企業的政治行動、
管制策略和公共政策等工具。

企業的社會績效。企業的社會績效的定義是「運用社會責
任的原則、社會反應的程序以及企業活動的社會影響」（Wood,
1991）。這種整合社會結構、管理程序和成果的架構讓多國籍企
業經理人瞭解：如何將企業績效的各種組成要素結合在一起，
以及如何評估其企業績效。

從國際企業社會績效的觀點來看，某些多國籍企業選擇扮
演領導角色，以超越一般標準和社會期望爲企業標竿，這種策
略會帶來相當有利的優勢。例如：

IBM以其嚴苛的公司政策，以及在特殊（技術）領域中對
世界最高標準的追求而獲得肯定。IBM駐歐協調人Ian Holm
表示，這項政策讓IBM在「全球各地的生產據點都能在不

延誤交期的情況下，以最低成本製造最高品質的產品。」
（Bruce, 1989: 25.）

同時，IBM也相當重視企業策略對環境的影響，該公司發展
出一套進步的終生政策，管理所有產品和製程對生態的影響
（Kenward, 1992）。

利害關係人分析與管理。利害關係人被界定為「在企業達
成目標的過程中受到影響，或影響企業達成目標的任何團體或
個人」（Freeman, 1984）。相對於新古典主義與行為理論，企業
的利害關係人理論認為企業組織涉入與其他人、組織和社會團
體的關係網絡，這些關係牽涉的對象包括員工、雇主、客戶、
社區、供應商、政府、國際經銷商、恐怖份子、宗教團體等等。
利害關係人提供企業活動的投入，並消耗企業活動的產出；利
害關係人經歷了企業行為的後果；利害關係人評估企業績效並
判斷該績效可否被接受（Wood and Jones, 1994）。

在國際環境中，利害關係人的關係既複雜又難解，但卻隱
含著豐厚的報酬。企業的主要利害關係人可能會隨著文化的不
同而迥異，一位世界級的利害關係人可能在世界各角落坐擁不
同的利益與權力關係，而全球利害關係人的關係也會隨時間而
改變。對多國籍企業經理人來說，國際性利害關係人關係的複
雜性突顯了一個重點：不能只把企業視為一連串的物質投入和
產出，而應視為利害關係人的關係網絡。

倫理分析。個體是所倫理決策的裁決者，對個體而言，倫
理衝突不是來自於實然面對與錯之間的衝突，而是來自於應然
面對於對錯認知的不一致。透過倫理推論的程序，將效用、權

利和正義的倫理原則應用在事實與觀察當中，並且在權衡各種因素之後做出決策，便可以妥善處理倫理衝突問題。身處國際領域中的經理人會發現倫理的標準與習俗因地而異，在面對不同的倫理標準和習俗造成的衝突時，必須謹慎處理種族中心主義可能帶來的危險。然而，經理人不能以文化差異爲由而不做倫理推論，或者不爲行動的後果負責。

組織的倫理氣候。倫理帝國主義、「入境隨俗」以及跨國取向是處理國際領域中企業倫理問題的三項方法，跨國取向明顯較前二者更具優勢。企業可以制定倫理準則、倫理訓練計畫以及獎懲系統等結構，俾益組織進行倫理決策。而在企業的非正式文化中，價值共享以及符合倫理、不符合倫理與非關倫理的行爲動機都是影響倫理決策的重要因素。

議題管理。議題管理的內容類似於國際企業與社會的分析工具和概念，議題管理乃「企業在確認、評估與回應對其產生重大影響的社會與政治議題時援用的一套程序。」（Johnson, 1983: 22）對每個企業組織而言，議題是(1)期望差距產生的問題（發生於對實然與應然的看法不一致時）；(2)爭論產生的問題；以及(3)對企業的現狀或未來產生影響的問題。

議題的發展會隨著大眾關注情況的變化而經歷一個生命周期，這個生命周期可區分爲由個別事件分隔而成的三階段。在早期（初期）階段，期望差距似有若無，爭論逐漸形成，但並未引起大眾的關注；一直要到某個戲劇性的事件或「導火線」出現，開使引發大眾的注意時，才會把議題推向中期（發展期）階段。在發展期當中，議題會被重新界定，並不斷地引發爭論，直到某種轉化形式的事件出現之後，議題才會步入成熟期。至

於議題會不會再度浮上檯面，則取決於究竟是誰在監督轉化的
有效性。基於這種對議題內容的瞭解，議題管理會使用三類技
術：(1)確認議題並審視環境，以便找出期望差距，(2)分析議題，
以便評估爭議和影響，以及(3)發展回應方法，以便中止期望差
距。

國際議題管理原則要求所有經理人都必須是議題管理者，
否則議題管理將淪為邊際角色，無法善盡告知、計畫和導引的
功能，協助企業渡過難關。對於那些根本沒有議題管理的企業
來說，經理人將無法面對與回應影響決策的許多複雜變數
（Wartick and Mahon, 1994）。

社會情報和評估。企業決策與行動的結果也必須明確地評
估和公開。我們可以使用數項工具來評估和報告企業決策與行
動的結果，這些工具也能用來取得企業擬定計畫與政策所需的
新資訊。社會績效規則（CODE），也就是公司政策與程序中對
一致性、機會、多樣性和危機處理能力的重視，是企業社會情
報中的一項重要程序。

思索國際趨勢

國際企業和社會的未來可透過許多趨勢加以檢視，譬如對
社會組織的看法，基本教義派的政教觀點與自由民主的觀點相
互扞格，一場全球衝突隱然成形；變化快速的科技幾乎使人類
無法瞭解與控制（譬如許多國家在1994年中期才發現，使用電
腦數據機與傳真機在家辦公的外籍工作者會對本國勞動人口產
生威脅）。對企業來說，人口發展趨勢、製造部門外移到開發中

國家、非法的國際毒販與合法的國際企業運作之間的利益糾葛等現象都值得關切。當然，冷戰結束對政治與科技帶來的影響，以及各國武器製造商意圖軍售他國的趨向也都值得注意。

下列兩項全球性變遷趨勢會影響企業與社會關係：(1)在制度設計上，會朝向國際管制與超國家政府的方向發展，以及(2)在意識型態的發展上，世界上各種重要的倫理傳統會統合成為單一一組基本原則。技術和生態的變遷是驅動這兩股統合趨勢發展的重要力量，而全球自然環境共有地消融了國界之別，以及迅速而便宜的資訊科技也都是重要的驅動力量。

超國家政府？

國家主權的基礎雖然已經動搖，不過仍然具有其支配力量。聯合國軍隊在動盪國家（如索馬利亞、盧安達和波士尼亞等地）進行空前的部署，顯示國家主權在未來將比不上超國家政府，至少在維護和平和人道援助等重要領域是如此。

此外，像共同市場或自由貿易區的創立、國家愈來愈沒有能力控制資訊的跨國流動、現代工作者透過電腦連線在家上班等現象，讓世界各國愈來愈緊密。試想，如果貴公司的員工可以在世界各地工作，那麼薪資、訓練、發展和評估等人事作業該如何管理？公司該援用什麼規章來管理員工？

最後，對自然環境的關懷似乎是讓國家主權式微，並使超國家政府崛起的最重要驅動因素。近年來，各國簽署許多重要的環保條約（參考Getz, 1994），而1992年里約環保高峰會也為其他許多這類協定奠定基礎。當國家願意放棄部分控制自身領土

的主權（即便放棄的部分很少），換取對全球共有地更好的保護，那麼世界各國便能在此基礎上更進一步合作，共同解決問題。

　　國家主權的力量既強而有力且根深蒂固。1995年發生在美國奧克拉荷馬市的聯邦大樓爆炸案，顯然是恐怖份子對想像中的「世界政府」做出的反應。法、德、英等國對歐元的抗拒也是悍衛國家主權的強烈表現。蘇聯與東歐分裂成許多小型獨立統治單位的現象，也說明國家主權是世界上各民族的核心價值觀。不過，像是國際資本與勞動力流動的需求、全球性環境保護的困難、以及倍受關注的人權議題等等，這些全球力量都會迫使所有國家為了共同利益而放棄部分主權。

普遍的倫理標準？

　　過去幾年來，聯合國不斷擴大人權議題的涵蓋範圍，將人類與社會行為乃至於國家政策的諸多面向涵括在內。專欄10.1列出聯合國擬定的人類自由指標（Human Freedom Index），並列出各國在這些指標上的排名。人類自由指標奠基於如下的觀念：以人權與公平分配為基礎的人類自由乃是人類最高的福祉，值得努力追求和維續。

專欄10.1　人類自由指標

自由的關鍵指標

有行使⋯⋯之權

● 國內旅遊。
● 和平的集會與結社。

- 監視侵犯人權的舉措。
- 出國旅遊。
- 傳授思想，接收資訊。
- 民族語言。

免於……的自由

- 淪為強制性的工人或童工。
- 被私法殺害或「失蹤」。
- 死刑。
- 非法拘留。
- 郵件檢查或電話監聽。
- 強制入黨或成為組織會員。
- 強制信仰或在學校灌輸國家意識型態。
- 強制性的工作。
- 折磨或強迫。
- 體罰。
- 控制藝術。
- 對媒體做政治性審查。

有……之自由

- 溫和表達不同的政治立場。
- 採用秘密和公眾投票方式的多黨選舉。
- 少數民族的社會和經濟平等。
- 獨立的報紙、書籍發行、廣播和電視網。
- 婦女的政治與法律平等。
- 婦女的社會和經濟平等。
- 獨立的法庭與工會。

法律賦予……權利

- 在被證明有罪之前得以無罪之身看待。

- 免費法律服務與自由選擇辯護律師。
- 警務人員無搜索令禁止進入民宅搜索。
- 不得任意扣押個人財產。
- 取得國籍。
- 公開而立即的審判。

個人擁有……的權利
- 跨種族、跨宗教或跨國籍的聯姻。
- 結婚或離婚程序無性別差別待遇。
- 成年人自由意志下的同性戀行為。
- 信仰自由。
- 生育自由。

各國排名

高度自由國家(31-40)

38-瑞典與丹麥

37-荷蘭

36-芬蘭、紐西蘭、奧地利

35-挪威、法國、西德、比利時

34-加拿大、瑞士

33-美國、澳大利亞

32-日本、英國

31-西臘、哥斯大黎加

中度自由國家(11-30)

30-葡萄牙、巴布亞紐幾內亞

29-義大利、委內瑞拉

27-愛爾蘭

26-西班牙、香港、波札那

25-千里達島、托貝哥島、阿根廷、牙買加
24-厄瓜多爾
23-塞內加爾
21-巴拿馬、多明尼加共和國
19-以色列
18-巴西、波利維亞
16-秘魯
15-墨西哥
14-南韓、哥倫比亞、泰國、印度、獅子山共和國
13-奈及利亞、貝南
11-新加坡、斯里蘭卡、突尼西亞、埃及、迦納共和國

低度自由國家(0-10)
10-波蘭、巴拉圭、菲律賓、坦尚尼亞
9-馬來西亞、尙比亞、海地
8-南斯拉夫、智利、科威特、阿爾及利亞、辛巴威、肯亞、科麥
　隆
7-匈牙利、土耳其、摩洛哥、賴比瑞亞、孟加拉
6-東德、捷克、沙烏地阿拉伯、莫三比克
5-古巴、敘利亞、北韓、印尼、越南、巴基斯坦、薩伊
4-保加利亞、蘇聯
3-南非
2-中國、伊索比亞
1-羅馬尼亞、利比亞
0-伊拉克

資料來源：UNDP, Human Freedom Index, 1991。這份資料是1985年以48項民主化指標來評量88個國家所列出的清單，許多國家因實施多元化選舉而排名上升，例如東歐國家。

在審視一系列人權條約與聲明之後，倫理學者試圖提煉出
「普遍人權」清單，作為企業在國際環境中決策與行為的參考，
如專欄10.2所示。

專欄10.2　Donaldson的普遍人權表

---

(1) 人身之自由

　　反例：未經公平審判即軟禁或拘禁；禁止人民出國。

(2) 擁有財產之自由

　　反例：因性別、種族和宗教之別而否定其財產權。

(3) 免於刑求之自由

　　反例：與政治或戰爭有關的強暴、殘害、鞭笞、強迫性饑餓
　　或脫水、以及未獲同意的醫學實驗。

(4) 公平審判之權利

　　反例：刺殺集團的暴力行為、政治性「失蹤」、非法逮捕、
　　未經審判的拘禁、受操控的審判。

(5) 免於受歧視之自由

　　反例：因種族、性別、宗教信仰和信念造成就業與教育機會
　　的差別待遇。

(6) 人身安全之自由

　　反例：轟炸平民區、恐怖行動；造就政治、宗教或文化難民。

(7) 言論與結社之自由

　　反例：政府掌控報紙和通訊媒體；因觀念和言論「不正確」
　　而遭監禁；禁止自由結社。

(8) 受基礎教育之權利

反例：第三世界手工業（如紡織、地毯業）密集使用童工；
學校教育無法確保每一位畢業生都識字。

(9) 政治參與之權利

反例：剝奪成年人的選舉權（如南非黑人）、限制政治性的
結社或言論、無法接近決策者。

(10)免於受飢餓之權利

反例：阻礙或不提供國際救援給受飢荒或極需援助的窮困國
家。

資料來源：摘自於Donaldson, 1989, 1991, 1992的人權表；例證摘
自 Wood, 1994。

　　上述每個項目都是真正的「普遍人權」嗎？這個問題確實
引發許多爭辯和討論。譬如某些文化的成員極力反對人民有言
論和結社之自由，因為他們認為這種權利會助長國家的敵人和
恐怖份子的氣焰。再者，並非所有文化都依循民主原則，因此
對這類文化的成員來說，政治參與權可能是有問題的。而禁止
受到歧視待遇的權利在某些文化中也只適用於男性，而非女性。

　　那個立場才是對的？倫理學家提出人權表的用意不在界定
人權的內容，而是透過辯論和討論，提醒國際經理人在處理國
際事務時應注意人權問題，而且在決策時也得將倫理因素列入
考慮。德國神學家Hans Küng（1991）建議，應該針對宗教教義
的倫理基礎進行跨文化的比較研究。他堅信，這類研究結果將
能證實：基本的倫理原則（如嚴禁謀殺、詐欺、亂倫等規則）
放諸四海皆準，不因宗教的不同而異。

　　在討論普遍人權與文化相對性時，必須注意倫理標準和原

則會隨著時間而改變。古代希伯來人蓄奴並侵略鄰族，在摩西律法的規範下，希伯來人將叛逆的子女逐出城門以亂石打死。早期的美國人也蓄奴，男人有權以「紀律」為由毆打妻兒。在其他宗教和文化傳統中也有同樣類似駭人聽聞的故事，例如印度隨夫陪葬的陋俗（寡婦在丈夫的喪禮中被活活燒死）在過去相當普遍，但現已被法律明文禁止（Rajan, 1990）；奈及利亞文化長久以來對婦女施行極為殘暴的「割禮」，被世界輿論抨擊為違反婦女人權的惡行（"What's culture," 1993）。所有這些習俗均已隨時間而改變，我們也相信倫理原則會持續朝著普遍人權與正義的方向前進。

多國籍企業在世界潮流中的角色：
對企業與社會關係的影響

社會學家伯格（Peter Berger）在1986年為資本主義寫了一篇文情並茂的辯護文，他主張冷戰的意識型態體制會逐漸終止，最後宣告破產：

在當今的世界中，甚至在未來的世界裡，我們都無法指認那個社會僅具有純粹的市場機能，或純粹的政治性資源配置。當今稱為資本主義的每一個社會都擁有大量的政治性資源配置程序，即便是最早期自稱社會主義國度的某些國家，其規模龐大的地下市場經濟也扮演重要角色（Berger, 1986: 18）。

　　伯格認為，害怕自身利益受到威脅的政治和知識菁英最反對資本主義，因為他們害怕資本主義企業型態的發展讓窮人致富，威脅其既有利益，因而抨擊資本主義經濟型態及其伴隨而來的民主政治型態（p.25）。反資本主義的論點指出，資本主義會引發社會內部與社會之間的不公平，引發政治性的壓迫，並造就不健全的生態，最後導致人性被抹殺（p.19）。相反的，伯格卻認為，相較於其他的分配體系，資本主義有更好的表現：

● 透過商品和服務的生產，以及對研發與創新重視，資本主義擁有驚人的「處理人類貧困的能力」（p.26）；

● 「政治自由與人權的…關聯性」更高（p.27）；

● 允許甚至激發「多元價值觀」（p.27），而非單一的、統一的社會和政治生活方式。

　　美國國際企業會議副主席彌高（Ann McKinstry Micou, 1985）贊同伯格的主張，並將自己的實務經驗提供給多國籍企業經理人。她在一本流行管理雜誌《全面》（Across the Board）當中指出，當外界指責多國籍企業沒有恪盡對開發中國家的社會責任時，多國籍企業的自我防禦技巧並不十分熟練。她引用當代神學家Richard John Neuhaus（1983）的話說：

　　對於來自外界或競爭對手的批評，企業通常都會接受，然後以一種道歉和防禦的態度，試圖說明自己並不是他人想像的惡魔。譬如在面對「外部關係」或「企業責任」問題時，就可以先行聲明「是的，敝公司確實以獲利為職志，

　　但是我們幫助Bedford Stuyvesant當地的貧窮團體，並贊助
大都會歌劇院」。

　　除了提高就業率、提昇國民生產毛額以及改善地主國的收
支平衡這類總體經濟因素之外，彌高（1985: 9-10）還提供許多
例證，說明開發中國家如何從多國籍企業的運作中獲利：

● 輝瑞藥廠（Pfizer）和其他12家美商公司一同在甘比亞建立
　藥品配送體系，並協助改善保健機構。這些公司和甘比亞
　醫療保健部門合作，幫助當地政府發展高效率的採購政策、
　存貨管理系統與配送網絡。

● 除了平常的勞工福利外，冠軍國際企業（Champion Inter-
　national Corporation）每天提供13,000名巴西勞工餐飲，並
　設立超市，販售比市價便宜17%的商品。凱薩鋁化公司
　（Kaiser Aluminum & Chemical）和雷諾金屬公司（Reynolds
　Metals）成功地幫助迦納政府建立水力發電廠，減少該國對
　他國石油輸入的依賴性。Tenneco與Khartoum工程公司合
　資，在蘇丹建立示範農場。而全球最大建築工程公司Fluor
　則在各地主國訓練超過100,000名員工，其中光是南非就有
　兩萬人，訓練範圍從監工到土木結構工程無所不包。

● 聯合碳化公司（Union Carbide）在辛巴威興建技術學院；
　蔡斯曼哈頓銀行（Chase Manhattan Bank）在中美的巴拿馬
　主持農業發展信貸計畫；Monsanto公司在肯亞建立一套節
　約能源的農作體系，引進符合環境安全的耕耘技術和除草
　劑。福特汽車南美分公司在墨西哥興建120所學校，每年協

助17萬學童就學,而這項興學計畫已施行18年。

● 銳跑國際公司(Reebok)參與一項名為「見證人」(Witness)的合作計畫,提供人權促進份子手提攝影機與傳真機,在全球各地隨時隨地紀錄違反人權的行為(Makower, 1994)。

● 李維史特勞斯公司(Levi Strauss)在1992年發現孟加拉的包商雇用童工,此舉雖違背該公司規章和包商政策,但李維公司又怕開除這些童工將使其家計陷入困境。因此該公司決定資助這些童工接受教育,同時包商也同意不再雇用其他童工(Makower, 1994)。

前李維史特勞斯公司主管鄧恩(Bob Dunn)強調:「身為企業,我們有貫徹公司價值觀的義務,積極協助地主國便是價值觀之一。」(Makower, 1994: 262)網球鞋製造大廠銳跑國際公司向企業夥伴提出一份保護人權政策聲明,堪稱是多國籍企業回饋社區和地主國的典範。其政策規章節錄如專欄10.3所示。

多國籍企業在世界各地的活動將會一直受到當地政府與人民的關注,所以企業經理人必須要能評估企業對當地文化和經濟的影響,本書介紹諸多工具可以幫助經理人進行評估。

專欄10.3　銳跑國際公司的人權生產準則

一視同仁。銳跑公司不會和歧視種族、膚色、國籍、性別、信仰、政治或其他思想的廠商合作。

工時/超時。銳跑公司要求合作夥伴設定的基本工時每周不得超過60個小時,依當地法令給予超時津貼者不在此限;銳跑公司更願意與每周最高工時為48小時的夥伴共事。

強制勞動。銳跑公司不會和使用強制勞動力製造產品的公司合作。所謂強制勞動包括以政治力方式脅迫，或因表達政治看法而受罰。銳跑公司也不會向利用強制勞動的公司採購原料；一旦發現原料來自於此種勞動形式，將會停止與該公司往來。

合理薪資。銳跑公司希望合作廠商訂定的薪資必須滿足其家庭基本需求，俾益改善員工的生計。銳跑公司不會選擇和給薪幅度低於法定基本工資，或比本土企業給薪還少的廠商合作。

童工。銳跑公司不與雇用童工的公司合作。「兒童」是指年齡低於14歲，或年齡不到接受義務教育的兒童。某些國家的法律認定的「兒童」年齡甚至高於14歲，銳跑公司援用這項界定。

結社自由。銳跑公司要求合作夥伴必須尊重員工可依自由意志參與社團或組織社團的權利。銳跑公司也將盡力確保員工在採取非暴力手段下行使該權利而不會受罰。銳跑公司承認並尊重所有員工有組織與集體協議的權利。

安全和健康的工作環境。銳跑公司尋求與致力確保勞工職場安全與健康的廠商合作。

資料來源：Reebok International Limited, 100 Technology Center Drive, Stoughton, MA 02072.

最後，「如果⋯怎麼辦？」

毫無疑問，未來肯定充滿著各種可能性。本書第一章檢視一些「如果⋯怎麼辦」的問題，所有這些問題都有發生的可能性，並會對企業造成嚴重的影響。困難之處在於，如何找出所

有可能的意涵，瞭解企業受到的影響，並提出反應之道。在最後這個章節中，我們再提出另一些「如果…怎麼辦」的可能問題，當然您也可以自行添加屬於您自己的問句。當您知道企業環境的各種國際面向，瞭解意識型態與社會機構之間的關係，清楚利害關係人、公共事務與議題管理、企業社會績效的本質等觀念，想要探討企業和社會的未來就會更加容易。

　　專欄10.4依據發生的可能性，以及對企業的影響程度分別表列「如果…怎麼辦」問句。若把SEPTE架構應用到專欄10.4所述的各種事件，將更能清楚的看出每個事件可能產生多種結果，而影響全球企業的這些事件之間也會彼此相互影響。同樣的，如果把企業社會績效架構應用到這些事件，那麼企業社會績效的價值、目標、程序與結果的未來輪廓將會變得更爲清楚。若從政商關係、倫理分析或公共事務和議題管理的觀點來檢視這些事件，就能刺激企業思考應該如何回應未來的需求。

專欄10.4　「如果…怎麼辦」的一些可能事件

● 　許多東歐的民眾正熱烈討論他們的國家被「殖民化」，成爲「最新的第三世界國家」，他們不認爲這是件好事！但是，如果他們能認真思考這個概念，並與其他開發中國家的團體進行政治結盟，他們該怎麼做？如果他們界定自己是「第三世界國家」，從而發現新的力量與機會，結果又會怎麼樣？

● 　如果北美自由貿易協定擴展到中、南美洲的話怎麼辦？

● 　如果德國西門子、美國洛克希德等大型軍火商決定自雇軍隊的話怎麼辦？

- 如果統一後的德國發動第三次世界大戰怎麼辦？
- 如果臭氧層真的消失的話怎麼辦？如果巴西雨林被完全砍伐殆盡該怎麼辦？
- 如果互動式有線電視裝設在第三世界家庭中會怎麼樣？
- 如果C-Span（美國國會頻道）和麥金塔合作，在每個家庭中安裝互動式電腦電視，然後開始針對各項公共議題進行意見投票，結果會如何？如果把這個想法推展到全世界會怎麼樣？
- 如果美國汽車工人工會成功地串連日本、韓國和東歐的汽車製造工人該怎麼辦？
- 如果美國密西西比以西各州宣佈獨立，並以西班牙文撰寫獨立宣言該怎麼辦？
- 如果加拿大和墨西哥同時入侵美國該怎麼辦？誰會出兵援助？會幫助誰？
- 如果歐盟使古柯鹼合法化該怎麼辦？
- 如果世界各國皆限制公司員工不得超過2,000人該怎麼辦？如果這項禁令只有在歐洲、日本和北美境內實施，那又該怎麼辦？
- 如果電信科技的出現使某些國際性的企業計畫變得不合時宜怎麼辦？如果五年後的現代藝術、人文、科學教育成為思潮主流怎麼辦？
- 如果美國採用日本的K-12教育系統怎麼辦？如果日本採用美國的K-12教育系統又該怎麼辦？如果教育完全私有化怎麼辦？
- 如果冷戰結束後，各國的軍事專業人才變成產業間諜該怎

麼辦？

● 如果美國扮演世界警察的角色時怎麼辦？他們會邀請前蘇
聯國家加入世界警察的行列嗎？

● 如果試管嬰兒技術成熟到不需要「孕母」的階段怎麼辦？

● 如果癌症打一針就能痊癒，如果永遠找不到愛滋病的解藥
怎麼辦？

● 如果美國決定要吞併菲律賓該怎麼辦？

● 如果農產綜合企業接管全世界的食品生產與分配，並想出
餵飽全球界所人有人口的方式，這件事件會怎麼辦？

● 如果美國變成西班牙、加拿大變成法國、德國變成土耳其、
阿根廷變成德國、英國變成印度、羅馬尼亞變成匈牙利、
日本變成美國怎麼辦？

當您身為國際企業經理人，在未來幾年內肯定得處理幾十
個「如果…怎麼辦」的問題，到時候你會怎麼辦？你有沒有能
力穿越湍流，或者只能坐困愁城，一籌莫展？

參考書目

Alpert, Mark. 1990. "Wary hope on Eastern Europe." *Fortune* 121:2 (Jan. 29): 125-6.

Amine, Lyn S. 1986. "Multinational corporations in Eastern Europe: Welcome trade partners or unwelcome change agents?" *Journal of Business Research* 14 (April): 133-145.

Berger, Peter. 1986. "The moral crisis of capitalism."Pp. 17-29 in R.B. Dickie and L.S.Rouner (eds.), *Corporations and the Common Good*. Notre Dame, IN: Univ. of

Notre Dame Press.

Bruce, Leigh. 1989. "How green is your company?" *International Management* (Jan.): 24-7.

Donaldson, Thomas. 1989. *The Ethics of International Business*. New York: Oxford University Press.

Donaldson, Thomas. J. 1991. "Rights in the global market." Pp. 139-62 in Freeman, R. Edward (ed.), *Business Ethics: The State of the Art*. New York: Oxford University Press.

Donaldson, Thomas. 1992. "Can multinationals stage a universal morality play?" *Business & Society Review* (Spring): 51-5.

Freeman, R. Edward. 1984. *Strategic Management: A Stakeholder Approach*. Boston: Pitman.

Getz, Kathleen A. 1993. "Selecting corporate political tactics." Pp. 242-73 in Barry M. Mitnick (ed.), *Corporate Political Agency*. Newbury Park, CA: Sage Publications.

Getz, Kathleen A. 1994. "Implementing multilateral regulation: A preliminary theory and illustrations." *Business and Society* 34: 280-316.

Hall, John, and Udo Ludwig. 1994. "East Germany's transitional economy." *Challenge* 37:5, 26-32.

Johnson, J. 1983. "Issues management – What are the issues?" *Business Quarterly* 48(3), 22-31.

Jones, Colin. 1995. "On your own." *Banker* 145:829, 27-9.

Kenward, Michael. 1992. "The big blue giant turns green." *Director* 46:4, 35.

Küng, Hans. 1991. *Global Responsibility: In Search of a New World Ethic*. New York: Crossroad.

Makower, Joel. 1994. *Beyond the Bottom Line: Putting Socical Responsibility to Work for Your Business and the World*. New York: Simon & Schuster.

Micou, Ann McKinstry. 1985. "The invisible hand at work in developing countries."

Across the Board 22:3 (March): 8-15.

Neuhaus, Richard John. 1983. "Religion's animus toward business." US Council for International Business.

Rajan, Rajeswari Sunder. 1990. "The subject of sati: Pain and death in the contemporary discourse on sati." *Yale Journal of Criticism* 3:2 (Spring): 1-27.

Reebok International Limited, 100 Technology Center Drive, Stoughton, MA 02072.

United Nations Development Programme, 1991. *Human Development Report*. New York: UNDP.

Wartick, Steven L., and John F. Mahon. 1994. "Toward a substantive definition of the corporate issue construct: A review and synthesis of the literature." *Business & Society* 33:3 (Nov.).

Weber, Max. 1958. *The Protestant Ethic and the Spirit of Capitalism*. New York: Scribner.

"What's culture got to do with it? Excising the harmful tradition of female circumcision." 1993. *Harvard Law Review* 106:8 (June): 1944-61.

Wilson, Ian H. 1977. "Socio-political forecasting: A new dimension to strategic planning." Pp. 159-69 in Archie B. Carroll (ed.), *Managing Corporate Social Responsibility*. Boston: Little, Brown.

Wood, Donna J. 1991. "Corporate social performance revisited." *Academy of Management Review* 16:4: 691-718.

Wood, Donna J. 1994. *Business and Society*, 2nd edition. New York: HarperCollins.

Wood, Donna J., and Raymond E. Jones. 1994. "Research in Corporate Social Performance: What Have We Learned?" *Proceedings* of the Conference on Corporate Philanthropy, organized by the Center for Corporate Philanthropy, University of Indiana Bloomington, and Case Western Reserve Univeristy, May 1994.

國際企業與社會

主　　編／張家銘博士
原　　著／Steven L. Wartick and Donna J. Wood
譯　　者／吳偉慈‧徐偉傑
執行編輯／徐偉傑
出 版 者／弘智文化事業有限公司
登 記 證／局版台業字第 6263 號
地　　址／台北市中正區丹陽街 39 號 1 樓
電　　話／（02）23959178‧0936252817
傳　　真／（02）23959913
發 行 人／邱一文
總 經 銷／旭昇圖書有限公司
地　　址／台北縣中和市中山路 2 段 352 號 2 樓
電　　話／（02）22451480
傳　　真／（02）22451479
製　　版／信利印製有限公司
版　　次／2002 年 6 月初版一刷
定　　價／250 元

ISBN 957-0453-56-7
本書如有破損、缺頁、裝訂錯誤，請寄回更換！

國家圖書館出版品預行編目資料

國際企業與社會 / Steven L. Wartick and Donna J. Wood 著；
吳偉慈‧徐偉傑譯.
--初版. --台北市：弘智文化；2002〔民 91〕
冊：　公分
含參考書目
譯自：International business and society
ISBN 957-0453-56-7（平裝）

1. 企業社會學　2. 企業倫理

490.15　　　　　　　　　　　　　　91006880